为什么
坚持跑步的
都是大佬

赵佩茹 著

Insists
Running
Chiefs

天津出版传媒集团

天津人民出版社

图书在版编目（CIP）数据

为什么坚持跑步的都是大佬／赵佩茹著. -- 天津：天津人民出版社，2016. 8

ISBN 978-7-201-10580-2

Ⅰ.①为… Ⅱ.①赵… Ⅲ.①成功心理—通俗读物 Ⅳ.① B848.4-49

中国版本图书馆 CIP 数据核字（2016）第 150731 号

为什么坚持跑步的都是大佬
WEISHENME JIANCHI PAOBU DE DOUSHI DALAO

出　　版　天津人民出版社
出 版 人　黄　沛
地　　址　天津市和平区西康路35号康岳大厦
邮政编码　300051
邮购电话　（022）23332469
网　　址　http://www.tjrmcbs.com
电子邮箱　tjrmcbs@126.com

责任编辑　陈　烨
策划编辑　冀海波
装帧设计　仙　境

制版印刷　三河市兴达印务有限公司
经　　销　新华书店
开　　本　670×960毫米　1/16
印　　张　15.5
字　　数　130千字
版次印次　2016年8月第1版　2016年8月第1次印刷
定　　价　35.00元

大佬们都在跑步，你还在等什么

2016年3月18日，马克·扎克伯格在Facebook上发布消息说："回到北京真是太棒了！我访问中国的第一件事，是跑步经过天安门广场、故宫，最后到达天坛。"并配了一张他在天安门广场前跑步的照片。

熟悉Facebook的人都知道，扎克伯格是Facebook的创始人兼CEO。在发布这条消息的同时，他还表示，在2016年的跑步计划里，他已经跑完了100英里（约161千米）。他说："感谢每一个和我一同跑步的人，无论是在我身边，还是在全世界的其他地方！"

不光是扎克伯格，很多商界大佬都很热爱跑步。在众多大佬心目中，最钟情、最流行的运动非跑步莫属。

潘石屹经常在微博上分享自己的跑步经历，他问候新年的方式就是健身跑步。一年四季，他从不中断跑步锻炼，即便天气不佳，他也会选择在室内跑。

有些人觉得跑步浪费时间，工作忙碌的时候无法达成，而且总是没心情去跑步。恰恰相反，潘石屹认为："闲时跑步，因为有时间。忙时要跑步，可以放松减压。高兴时跑步，让人更高兴。沮丧时跑步，让人高兴起来。"

潘石屹的爱人张欣也是跑步爱好者，跑步让她的体魄更加健康，她忍不住感慨："我现在就后悔20岁的时候怎么不知道跑步呢？你别等了，现在就开始跑。"

每一位跑步者，都有自己的跑步心得。那么，跑步究竟有什么魅力，能让大佬们如此痴迷呢？让我们来总结一下吧！

跑步是一项极简单的运动。对跑步者而言，这项运动不必过于挑剔运动场地，只需穿上一双跑鞋，就可以随时开跑。

跑步可以减肥。几年前，万科总裁郁亮还是个微胖男，高职位需要他保持足够的精力来处理每天的工作，而微胖带来的不仅是外形上的欠妥，而且对健康造成了一定的威胁。为了减肥，郁亮选择了跑步，他常说："只有管理好自己的体重，才能管理好自己的人生。"因此，他要求自己每周至少跑5次，约40千米。

跑步是浮躁心灵的最佳治愈剂。优米网创始人王利芬说："跑步是一种沉淀，否则心静不下来。"当下社会，快节奏的生活方式很容易让人变得急躁、焦虑。心不静，则事不成。跑步可以调节人的呼吸，从而释放压力。跑完以后，人能集中精神去处理一些棘手的事情。

跑步代表一种创业精神。中国台湾"经营之神"王永庆常说："人生就像跑步一样，需要不断地学习、磨炼，才能跑得稳、跑得好；也唯有从不间歇地跑，才能遥遥领先他人，捷足先登。"他中年以后每天都坚持跑步一小时，正是有这样的毅力，才缔造了他的商界传奇。

跑步可以让人精力充沛。优客工场创始人毛大庆曾患有抑郁症，因抑郁症而导致的失眠，使得他每天只能睡两个小时，久而久之身体每况愈下。跑步之后，他发现只要运动起来就不会再纠结那些烦心事，渐渐地，抑郁症好转了，精力也充沛起来。

跑步的魅力当然不止这些，不同的跑步形式对大佬们的启发各不相同。

凡客诚品CEO陈平说："要么继续跑下去，要么人生完蛋"。

搜狐公司董事长张朝阳说："跑步不是与别人比赛，而是对自己的超越。"

"股神"巴菲特说："长跑就像搞投资，你必须要学会忍受枯燥并且适当控制自己的欲望，才有可能获得成功。"

此外，随着年纪的增长，各界大佬们都开始注重养生，注重身体健康。跑步作为一种最简单、最有效的健身方式，被越来越多的人所推崇。

如今，有不少专门为慈善筹款而举行的跑步比赛。通过参加比赛，大佬们不但锻炼了身体，而且为慈善事业贡献出自己的一分力量，还促使更多的人参与到这项全民运动中来。

千万不要小看跑步，偶尔为之，想必任何人都能达成，唯有将它当成一份事业去完成，才是真正的强者。

人生就是一场不知哪里是终点的马拉松，当你摆出奔跑姿势的那一刻，才表明你是真的做好了投身战斗的准备。很多问题或许你还没弄懂，对自己也不是很有信心，没关系，先跑起来吧，有这么多大佬都在跑步，你还在等什么？

如果你能坚持跑下去，你一定能体会到大佬们的所思所想，终有一天也能跟他们并肩同行。

PART 1　身体和灵魂总有一个在路上

PART 4　没有翅膀，所以努力奔跑

PART 5　自己选的路，跪着也要走下去

PART 6 所有的捷径都是少有人走的路

PART 1

身体和灵魂总有一个在路上

跑起来，去找寻自己

人们开始跑步时会有各种各样的原因，但最终坚持跑下去的原因只有一个——找寻自己。

——乔治·西恩

绰号"火箭"的奥沙利文是当今斯诺克领域最出色的球手，当他宣称"在我的生命里，家庭排第一，跑步排第二，斯诺克只能排第三"时，我们不得不深深叹服——一个斯诺克球手对跑步的热爱竟然超过自己的职业，这真是一件非常奇妙的事。

他在最新出版的自传《Running》（即《奔跑》）中写道："对我来说，跑步不仅仅是一种兴趣爱好，更是在我人生中反复出现的主题。"

由此可见，跑步在奥沙利文的生命中占据着极其重要的位置。

最初，让奥沙利文喜欢上跑步的是他的父亲。

奥沙利文原本有着非常幸福的家庭，父母相亲相爱，妹妹聪明听话。虽然家里并不富裕，但是一家人的生活非常和睦。小时候，他最爱做的事就是跟在喜欢跑步的父亲身后，和父亲一起跑步。

然而，一切都在父亲犯下杀人罪被判了18年监禁后宣告结束。自此，奥沙利文不得不面对动荡不安的生活和再也没有微笑的家庭。

因为是犯人的孩子，奥沙利文经常被别的孩子欺负，内心变得很脆弱。每当委屈难过的时候，他就会想起父亲，想起跑步。因此，有时候他经常会发了疯似的不顾一切地奔跑。

奥沙利文在少年时代就展现出了斯诺克天赋，随着年龄的增长，他一路突飞猛进，在斯诺克领域取得了很多辉煌的成就，最终成为和"台球皇帝"亨得利平起平坐的球手。

然而，在取得这些成绩的同时，奥沙利文的家庭却遭遇着严重的变故，母亲因偷税漏税也进了监狱，妹妹因没人关心而染上了毒瘾。为此，他的性格开始变得反复无常。对于自己所从事的运动，他数次公开表示不满，一度成为世界台联官员的眼中钉。

有一次，因为对比赛不满，他甚至拿着球杆袭击裁判。没有人知道他接下来还会做出哪些出格的事，也许连他自己都不知道。他在自己的世界里孤独地活着，他痛恨一切，甚至痛恨自己。

然而，即使他痛恨自己，痛恨斯诺克，但有一样东西是他没办法痛恨的，那就是跑步。这是他独特的疗伤方式，只有在跑步的时候，他才能彻底放下所有的负担，仿佛又回到了那个充满欢笑、充满爱的家里。也只有在跑步的时候，他才能找到自我。

也许他并不是一个跑步痴迷者，可是每当跑步时，他表现出来的样子就像是个无忧无虑的孩子。为此，他曾数次宣称："在我的心里，如果还有其他选择可以让我远离斯诺克，那就是跑步。这是我第一次尝试全身心地投入到一项运动中。"

他把跑步当成一件非常严肃的事情，不允许有任何打扰。他认为："我跑步时要做的事情就是聆听公园里的鸟叫以及脚步摩擦地面的声音。我认为，听着这样的声音或者说是节奏，有益于我的健康，对我来说是一种心理治疗。"

跑步时的奥沙利文总是充满爱心与温情。

2012年6月的某一天，他忙完了一天的工作之后，像往常一样在自己家附近的公园里跑步。

在他专注跑步的过程中，突然迎面跑过来一只可爱的小狗。他措手不及，为了不伤害到小狗，他改变了跑步的节奏和方向，可他却摔倒在地，起来之后才发现自己的腿部受伤骨折了。

这次受伤让他足足休息了三个月，错过了好几场非常重要的斯诺克赛事。可他从来没有对此后悔过，因为他在乎的是在艰难的生活中保留住自己内心的美好。

生活中，我们总会遇到各种天灾人祸，或者措手不及的意外，这些都会让我们无能为力，让我们感叹世事无常。任何人都没有办法改变已经发生了的事情，我们唯一能选择的是如何面对眼前的困境，退缩还是勇往直前，按钮就在你手里。不过，你要清楚，当你退缩一步时，你离原本的成功就会远一步。所以，与其害怕面对困难、面对不幸，不如坦然对待，这样你可以从中获取一些对你以后发展有益的精神财富。

生活不是小说，我们不可能像武侠小说里写的那样，意外摔下山崖，却遇到绝世高人，助你练就一身盖世神功；也不可能像探险小说里写的那样，一路嬉笑怒骂就可以得到意外之宝，从此登上人生高峰；同样也不可能像爱情小说里写的那样，两个人分分合合就会收获爱情的种子，从此王子和公主幸福快乐地生活在一起。

相比小说，生活总是五彩缤纷的，不管是冷色调还是暖色调，都是需要我们自己去感受和经历的。

老天为我们安排的每一出剧目都自有它的道理，即便是悲剧，也会有一个喜剧的内核，当你真正懂得老天的良苦用心时，你就会知道原来它只想让你变得更好。

　　每个人的人生都是一艘前进的帆船，随风飘摇，在大海中看不到方向。可你才是这艘船的舵手，最终也只有你才能决定它行驶的航线。风雨并不可怕，可怕的是你踟蹰不前、摇摆不定。

　　感谢你所经历的一切吧，好的坏的，高兴的不高兴的，只有你自己走下去才能发现它的不同。没有谁生来就与众不同，只有那些历经磨难却屹立不倒的人才会得到命运的青睐。

别拖延，闯世界去吧

我跑步的时候，可以让自己静下心来，思考自己的事情。一边跑一边思考，自己跟自己对话。

——潘石屹

关于拖延症有一个很著名的寓言故事：

早晨起来之后，农夫告诉妻子要去耕田。当他准备发动拖拉机的时候，发现没油了，便准备去加油。可是经过猪圈的时候，他发现猪还没喂，就放下油桶，到仓库准备猪食。进了仓库之后，他看见一旁堆了几个马铃薯，想到田里的马铃薯可能正在发芽，应该到田里去看看。路上，经过木材堆，他又想起家中可能需要一些柴火，于是他就想回家找来车装柴火。到家时，他看见一只生病的鸡躺在地上，于是他又去找兽医……农夫看似一整天忙忙碌碌，结果却什么也没做成，而自己原本的任务也同样没有任何进展。

事实上，这正是拖延症一个比较典型的例子，即很多人并不是有意拖延，他们只是在做一件事情的时候不能专心致志，他们常常放下此时的工作，去忙其他的事情。他们看起来很忙，最终的结果却和这个农夫一样，做不成任何事情。

其实，生活中很多人都有这样的习惯，有时候不知道自己到底应该做什么。工作的时候，要紧的工作不做，这边走走那边转转，或者上上网聊聊天，一天都过去了才后悔莫及，然而第二天依旧如此。这都是拖延症在作怪。

你借口自己很忙，忙得连眼前的事情都做不好，所以从来不敢给自己设定什么目标，就连每天给自己一点儿跑步的时间都没有。可是你再忙，能有美国总统忙吗？美国总统奥巴马每周都会坚持至少锻炼6天，每次锻炼大约45分钟。因此，你所谓的没时间，不过是骗自己的借口。

熟悉潘石屹的人都知道，他酷爱跑步，即便天气不好，他也依旧会坚持跑步，因为在他的字典里没有"借口"这两个字。

潘石屹要求自己每天必须跑上10千米，早晨很多人还在睡梦中的时候，他就已经跑完10千米，然后充满能量地投入到工作中去。即便出差，他也会带着跑鞋，在空余时间完成他的10千米跑步计划。

为什么坚持跑步的都是大佬

2012年，50岁的潘石屹已经跻身中国富豪榜之列，吃得好，住得好，生活风平浪静，工作中也没有什么需要特别操心的事。但这种平庸安逸的生活状态让潘石屹感到不安，他认为得到的太容易就不知道珍惜，最后必然失去，要想不失去，那就必须继续做一些"吃苦"的事情，让自己时刻都记得眼前的一切来之不易。

潘石屹决定行动起来，于是他将跑步列为自己人生中必不可少的一部分。刚开始的时候，他跑得非常吃力，往往没跑多远就气喘吁吁，教练为他制定的计划，也只能断断续续地完成，可不管怎样困难，他都坚持下去了。经过两年多的锻炼，他的体质有了很大的改善。

2015年，潘石屹参加了自己人生中的第一场马拉松——纽约马拉松。赛后，他说："当我的名字因跑马拉松出现在《纽约时报》上时，我很高兴很踏实。尽管字号小得几乎看不见，除了我无人注意。"

一家媒体采访他，问他跑步带给他什么变化时，他这样说："我觉得最明显的变化是情绪。跑完后心情马上就能愉悦起来。我看过一本书，人每天一定要在户外运动一个小时，你可以慢跑、走路。因为人类在进化的过程中，大部分时间是在户外，你在户外活动的时候能唤起比较遥远的记忆，这些记忆会让你觉得非常愉快。如果人长时间待在一个房子里，就可能意味着冬天要到来，意味着没有食物了，内心的压抑和沮丧就容易出来。所以我觉得跑步是一个健康的活动，对人身体的健康和心理的健康都有好处。"

全中国每天能比潘石屹更忙的人不到1%，这些人和潘石屹一样从来不会为自己的拖延找借口，所以他们才能在忙碌的工作中留出属于自己的时间，做一些自己真正热爱的事。

大多数人与他们的区别在哪呢？我们不妨反思一下自己：今天要完成的任务完成了吗？计划要写的文章写好了吗？没有整理的房间整理了吗？面对堆积了很久的文件，满屋子要洗的衣物，你依旧无动于衷吗？你依旧抱着手机聊天，刷朋友圈，或者干脆躺在床上，心想为什么还没有朋友找你聚会吗？而每天睡觉前，你还是在感叹：事情太多了，生活压力太大了！既然如此，你的压力怎么可能不大呢？而这一切正是我们的拖延造成的。

要想过上更好的生活，我们就应该马上行动起来，不为自己找借口，专心做好当前的事情。如果真的这么做了，你会发现很多事情不但不会耽误你很长时间，而且会让你很有成就感。当你看着早晨整理好的房间和晾干晒好的衣物时，你的坏心情也会一扫而光。

卡耐基曾经说过："人生最可悲的事情就是，拖延着不去生活，总是梦想着天边有一座奇妙的玫瑰园，却偏偏不去欣赏今天就绽放在我们窗口的玫瑰。"

正如他说的，我们总是错误地以为最美丽的花朵在花园里，却懒于去培育眼前的花枝，只能通过欣赏别人的精彩来安慰自己悲惨的人生。如果你主动去过好自己的生活，将眼前的事情都一一解决掉，那么你就不会承受太多的烦恼。

跳到生活的另一面

如果你可以征服心理，那跑步的其他对你来说就简单多了。

——安比·伯富特

沃尔夫冈·克特勒被很多人称为"最狠的科学家跑步者"。1957年，他出生于德国海德堡，1976年在海德堡大学学习物理学，两年后转到慕尼黑工业大学，1982年获得硕士学位。之后到慕尼黑大学继续深造，在此期间又在马克斯·普朗克量子光学研究所做研究工作。在博士论文里，他证明了氢化氦的存在，并首次获得这种分子的光谱，此后他又完成了对光谱的完整解释。这些经历都为他后来获得诺贝尔物理学奖奠定了坚实的基础。

1990年，他移居美国，在麻省理工学院电子研究实验室工作，并将研究方向转移到激光冷却。2001年，凭借对低温状态的研究，他和埃里克·康奈尔以及美国科罗拉多大学教授卡尔·威曼共同获得了当年的诺贝尔物理学奖。

看着这一连串令人眼花缭乱的简介，也许你会感到疑惑：一个如此忙碌的科学狂人，真的会对跑步感兴趣吗？真的有时间跑步吗？

实际上，沃尔夫冈·克特勒不仅热爱跑步，而且是个跑步健将。他在2013年的波士顿马拉松比赛中，轻轻松松就以2小时49分16秒的成绩跑完全程。

谈到跑步与科学这两种看似毫无关系的东西，沃尔夫冈·克特勒说："我一边跑步一边思考各种问题：物理问题，家庭问题，周末的计划，等等。跑步时我从未有过什么重大发现，但是它给了我时间去思考问题，得出结论。有些结论是显而易见的，但只有当你足够放松时才能发现它们。"

这位从小就热爱跑步的科学家认为跑步能带给他很多不一样的东西。在他看来，跑步是一种非常好的放松方式，在紧张的科研工作之余，跑跑步能让他始终保持一种平衡的状态。因为科研工作每天都要保持长时间的坐姿，很容易造成一些疾病，为了保持健康，他每周都会快速跑步一个小时。

跑步带给他的另一个好处是让他学会了从其他角度去观察问题。

每当科研中遇到暂时解决不了的问题，或者家庭生活中遭遇了种种不愉快时，他都会通过跑步来重新审视。暂时解决不了的难题，那就不去强求；实验总是失败，不用太过心急；生活有时不太美好，也不用太过在意，这时他会选择出去跑上一场。

他说，跑步的时候他能从现在这个烦躁的世界里跑到另外一个世界，在那个世界里，他能够更加清醒地思考这些问题。跑了一段时间之后，他往往可以跳出原有的思维，有时候还会产生一些奇妙的灵感。

同时，他还喜欢全力奔跑之后那种筋疲力尽的感觉。

科学研究并不需要穷尽一个人的体力，它更是一个漫长的过程，有可能花费一年甚至一生的时间去研究。而这种枯燥的工作往往是索然无味的，如果没有办法释放自己内心的压力，那么很容易就会产生焦躁、癫狂的情绪。跑步正是释放这种情绪的方式。

他就是这样，每隔几天他都要酣畅淋漓地释放出所有的负面情绪，然后继续自己的研究，这是他有别于大部分科学家的原因，也是他能取得辉煌成就的一个重要原因。

对于同一件事情，因为每个人的角度不一样，态度也会截然不同，处理的方式方法也会很不一样。每个人都有局限性，很多时候让人不太容易全面地看待问题，这往往也不利于解决问题。不执拗于自己原本的态度，遇到事情的时候，尽量跳出禁锢，换个角度去思考，也许你就能得到不一样的答案。这样不仅能更好地解决问题，还能让你更加从容地面对生活，面对生活中的种种不如意，从而产生更加积极的心态。

有个老生常谈的故事说的就是这个道理。

从前有一个老妇人，她有两个女儿，大女儿嫁给了一个卖伞的商人，小女儿丈夫家里则开了一个染坊。两个女儿生活条件都很不错，家庭也很和睦，对她也很孝顺，可是这位老妇人却没有一天是高兴的。因为天晴的时候，她担心大女儿家的伞卖不出去，天气不好的时候，她又担心小女儿家染坊的衣服晾不干。

她这种情况被邻居知道以后，邻居就对她说："阴天时，你大女儿家的生意就会好很多，你应该高兴才是。天晴了，你小女儿家的衣服就能晾干了，这也是件高兴的事情啊。你每天都有这么高兴的事情，为什么还不开心呢？"她一想，的确如此，于是她从此以后每天都过得很愉快。

这就是跳出固有角度的奇妙之处，它能让我们以一种全新的视觉去思考问题，让你有一种豁然开朗的感觉。

有位哲人曾经说过："我们的痛苦不是问题本身带来的，而是由于我们片面化的看法产生的。"

人的一生，不可能没有任何波澜，总会遇到很多不愉快的事情，这其实并不会给我们带来痛苦。当我们无法正确面对这些不愉快，以为它们是拦在我们面前的障碍时，我们才能真切地感受到来自四面八方的压力。要想不被这种痛苦折磨，最好的办法就是换个角度思考问题。

人生本来是一只空杯子，每个人都要往里面倒满酸甜苦辣咸，才算没有枉费这一生。经过生活的磨砺，这杯子早已变成五颜六色，如果你假装看不到或者只能看到其中的部分颜色，那么你终究不能得到人生的青睐。有时候并不是这个世界发生了变化，而是我们的心境不再一样。

法国大文豪雨果说："世界上最辽阔的是海洋，比海洋更辽阔的是天空，比天空更辽阔的是人的心灵。"可见，外部世界再强大，终究抵不过自己的内心，只要你摆正了自己的心态，不片面不执拗，生活总会以美好的一面呈现在你的面前。

坚持比速度更重要

跑步有时候不需要速度，只需要完成的毅力。

——巴菲特

年轻时我们总怀有各种各样的梦想，在美好的憧憬中，我们不切实际地认为人生就是我们看到的那个样子，梦想也会在某个花开的早晨悄悄绽放。

然而，当我们慢慢长大，当岁月无情地向我们抖出一连串的挫折和失败时，我们才发现自己似乎一直都生活在巨大的谎言之中，生活与我们想象的一点儿都不一样，甚至是完全相反的。

于是，我们将梦想束之高阁，并收起自己内心原本的血气方刚，取而代之的是向生活投降。在某个安静的夜里，我们抱怨生活欺骗了我们，抱怨它让我们一败涂地，殊不知这其实与生活无关，一切成败得失都在于我们自己。

　　作为国内著名地产企业万科集团的总经理，郁亮可能是整个行业里身材最好、最有气质的人了。与那些大腹便便的企业家相比，他完全是个另类，他阳光、帅气、时尚的外表甚至连现在的大多数年轻人都比不上。

　　而事实上，就在几年前，郁亮因为工作缠身，生活习惯很不规律等原因，体重一度飙升到75千克。眼看着自己的体重和职位一样节节高升，他陷入了迷茫的状态。这种迷茫一是因为体重的严重超标引发了他的中年危机；二是他突然对自己的职业和人生感到不知所措，感觉自己每天都处于一种巨大的空虚当中，做什么都没有精神。这种情况在他45岁生日快要到来的时候尤为严重，甚至有一段时间他开始失眠。

　　一次，在与女儿聊天的过程中，女儿问他有什么梦想，他说小时候的梦想是成为国家级运动健将。女儿拍了拍他的大肚子笑着说："爸爸，以你现在的样子看，你的梦想是不可能实现啦。"虽然这只是亲人之间简单的聊天，但是他却不这样想，加之当时工作中面临种种问题，他觉得是时候让自己做些改变了。

　　对于如何改变，郁亮想得很清楚，那就是运动。所以，在45岁生日那天，他许下一个让很多人都觉得不可思议的愿望——50岁前，一定要成为国家级运动健将。

郁亮之所以能有如今的成就，主要是因为他有很强的执行力。对于自己确定要做的事情，即便再困难，他都会坚持下去。既然制定了这样的目标，他就会全力以赴。

然而，在运动项目的选择上，他却产生了矛盾。他从小喜欢爬山，一直都梦想着能够登上珠穆朗玛峰。这在当时肯定是不可能的，所以他退而求其次，选择了跑步，他认为最好的储备体能和减肥的锻炼方式就是跑步。

梦想总是美好的，现实却并非如此。长时间高负荷的工作使得郁亮在此之前几乎没有锻炼过，肥胖的身躯成为他此时最大的负担。

练习跑步的第一天，在跑了不到800米的时候，他就感觉到心脏"砰砰"地像要跳出来一样，甚至还差点儿跌倒。他坐在公园里的长凳上，歇了很长一段时间才缓过劲来。第一天的失败让他深受打击，但他独有的那种不服输的精神却被彻底激发出来了，似乎非要和跑步抗战到底。

为了将身上的脂肪减掉，他一方面不断加大每天跑步的里程，另一方面也开始注意自己的饮食，他原本一日三餐毫无规律可循，现在却制定了严格的饮食计划，并且绝对无条件地执行。同时，他还利用身边的条件进行一些可行的锻炼，不论在办公室，还是外出办事，甚至是出差，他都会尽量跑上一会儿，实在没有跑步的地方时，他就做一些如俯卧撑、拉伸运动等没有什么场地限制的训练。

他的这些训练收到了非常好的效果。一个月过后，他已经可以每天都轻松地跑2千米了，不但体重由原来的75千克下降到了65千克，而且他整个人的精神状态也发生了非常大的变化，失眠也基本上消失了，仿佛又回到了年轻时敢打敢拼的岁月中。

后来，他又为自己制定了新的目标：50岁前登上一座8500米以上的高山，跑完至少一场全程马拉松，练出6块腹肌。虽然他制定的目标看起来似乎不太切合实际，可是谁又能否认努力可以把不可能变成可能呢？

为此，他请了专业的指导教练，一点点加大自己的训练任务。除了平时工作日的训练以外，周末的时候他还会额外给自己增加一些任务，现在他每周都会雷打不动地跑20千米。

由于他是个执行力强到有点儿偏执的人，所以他只要计划今天要跑20千米，跑的时候就会时不时看看手上戴的计步器，只允许超过，不允许不够，即使只差50米，也要跑完才结束。

夏天的深圳多雨，经常有台风。每当遇到这种恶劣天气，很多喜欢跑步的人就会选择休息。偏执的他依旧会在确保安全的情况下继续自己的训练，如果条件实在不允许，他就会到健身房去完成。

现在，跑步已经成为他生活中必不可少的一部分。

所有的付出都在三年之后有了回报。2013年5月，他成功登上了珠穆朗玛峰，实现了小时候的梦想；2013年10月，他参加了北京马拉松比赛，成为跑进4小时大关的600名参赛者之一。

很多人都认为他能有今天的变化是因为坚持。对此他也认可，然而他认为更重要的原因是——他在跑步的过程中能感受到快乐，正如他所说的那样："如果真的要跑步，那么你的动力不应该是坚持的毅力，而是快乐运动，只有这样，动力才够持久。"

可见，如果人生有最高意义的话，那便是用自己的梦想做盾，用自己的努力做矛，与这世界进行一次殊死较量。这场战役没有输家只有赢家，一个赢得现在，一个赢得未来。

退一步说，就算生活欺骗了我们，难道我们就要放弃梦想吗？然后你要自顾自怜，向生活示弱，试图让生活放过早已没有勇气的你，让生活留下点儿残羹剩饭供你苟延残喘？这难道就是你接下来的命运？

生活从来都不会放弃我们，除非我们自己放弃。当你背叛了梦想，放弃了自己，你还有什么理由继续生活下去？坚持自己的梦想，给自己最大的勇气，让自己可以展翅翱翔，即便有风有雨，也要期待阳光。

一次失败算什么？十次失败算什么？百次、千次又算什么？这都是前进路上的阶梯。垒得越高，离成功越近，随着时间的推移，眼前的风景也会越来越精彩。当你回首往事的时候，那些曾经失败的瞬间往往会感动自己。

不跑，就出局

如果你跑步，你就是个跑步者。这跟多快或者多远没有关系。这跟今天是你第一天或者你已经坚持了20年没有关系。没有考试需要通过，没有执照需要取得，没有会员卡需要得到。你仅仅跑就好了。

——约翰·宾汉

人生是一段美妙的旅程，有时平淡，我们只需享受此时此刻的安静，更多的时候是波澜起伏、大起大落，让我们措手不及，甚至怀疑初心，怀疑生命的意义。但是，不管怎样，我们都要坚定自己的信念，并为之付出不懈的努力，因为只有勇往直前地奔跑才能达成我们的目标。

克里斯廷·麦奎因是一位让人尊敬的跑步者，她现年37岁，却已经完成了17次全程马拉松和9次铁人三项赛。

　　这份荣耀无疑是令人惊讶的，但更令人惊讶的是，在过去的十年中，她竟然做过5次颈部手术和10次脑部手术，而且接受了两轮转移性甲状腺癌放射治疗。试问，在这样的身体状态中，还敢参加马拉松的人能有几个呢？

　　克里斯廷出生于美国伊利诺伊州，她在芝加哥工作，职业是为跑步者和铁人三项运动员进行物理治疗。

　　小时候，克里斯廷并不喜欢跑步，她钟爱的运动是打篮球。虽然她是个女孩子，但是她希望自己能成为一名篮球运动员。可惜，事与愿违，24岁时，她被确诊为转移性甲状腺癌，再也不能进行剧烈运动，从此与篮球梦失之交臂。

　　身患癌症让克里斯廷一度感到迷失，为了排解心中的忧郁，她开始尝试练习跑步。没想到，在她强迫自己进行了一段时间的跑步练习之后，竟然喜欢上了这项运动。让她感到惊喜的是，她发现自己的耐力似乎是天生的，非常适合长跑。

　　渐渐地，跑步成了克里斯廷的一切，并帮她渡过了所有难关。

　　克里斯廷进行第二次放射治疗时，引发了严重的并发症，她将面临视觉损伤、气管损伤、听力损伤、眩晕、慢性疼痛和神经损伤。

　　手术之后的恢复期，她给自己制定合理的跑步计划，在跑步中克服并发症。跑步让她清晰地认识到正在发生的一切，以及应该如何去应对。

她认为，生活总是比跑步更容易。跑步让她发挥了更大的作用，她加入了美国癌症学会，并筹到12万美元的善款。

跑步还让她学会了如何自我调整及享受生活。2012年，她参加了普莱西德湖铁人三项赛。当她进入马拉松这项赛事时，突然感觉身体极其不舒服。但是，她并没有放弃，而是笑着走完了全程。

她经常给朋友们的意见是"笑吧，你正在跑一场马拉松"。而她收到的最好的意见是"跑吧，你跑出了你自己"。

克里斯廷的故事告诉我们，一路走来，我们可能会遇到无数个挫折与失败，这正是我们生命中的亮点。任何困难都不可怕，只要我们内心拥有一份坚定，一份坚持，一份耐心，人生之路便会越走越远，越走越宽。

生命是一座高大雄伟的山峰，虽然前进的每一步我们都会很慢，但慢慢前进的同时，我们可以细细品味和感受生命的美好。也许一路上到处破败不堪，只剩下残垣断壁、枯木焦枝，但不管如何，你都必须不断攀登，一步一个脚印走下去。前进的每一步，你都离成功更近一点儿，走过了艰难，你会发现梦想就在眼前。

想出发，就永远不晚

有时你必须知道你正在做什么。这些年来，我已经给了自己
1000个理由继续跑步，但始终还是会回到最初的地方。这最终归于
自我满足和成就感。

——史蒂夫·普利方坦

现实生活中，我们经常问自己：现在我做这件事晚不晚？还来
不来得及？如果我做了，别人会怎么评价？似乎我们做的所有事情
都必须要有一个结论，总认为什么样的年龄就该做什么样的事情。

实际上，并没有一条法律或者社会准则这样说过，只是我们不
自觉地给自己画了一个牢笼，然后在里面小心翼翼地生活。梦想其
实从来都没有对年龄进行限制，只要你有勇气，什么时候开始去实
现都不晚。年子·迪埃利亚就是这样一个人。

1930年，年子出生于日本京都的一个普通家庭。1951年，她到美国锡拉丘兹大学进行深造，并获得硕士学位。毕业后，她留在美国纽约一所聋哑学校教书，在那里她结识了自己的丈夫曼弗雷德·迪埃利亚。她的人生也因为认识了曼弗雷德·迪埃利亚而发生了改变。

1974年，44岁的她和丈夫一起去爬海拔4393米的雷尼尔山，并约定如果其中一方没有成功登顶就要接受对方一个小小的惩罚。由于严重的高原反应和极差的体力，年子最终没能成功爬上去，最后在一位向导的帮助下下了山。而作为对失败的惩罚，她丈夫要求她每天都要跑一千米。

最初，她为了应付丈夫，每天只跑一千米，多一步都不会跑。后来，女儿的学校要举行长跑比赛，要求家长参加。在女儿的软磨硬泡下，她加入了女儿学校的长跑队开始练习长跑。意想不到的是，在这次比赛中她竟然获得了第三名的成绩。这个成绩让年子大受鼓舞，于是她决心将跑步作为生活的一部分。

1976年，就在她开始跑步两年之后，46岁的她参加了自己人生中的第一个马拉松比赛，并取得了3小时25分的优异成绩。同年，她又参加了著名的波士顿马拉松比赛，并获得了第15名的好成绩。当时，她的成绩令所有的参赛者都惊讶不已，因为谁也想不到她会有如此巨大的潜力。

然而，就在所有事情都往好的方面发展的时候，不幸的事情发生了。1979年年底，她被诊断出患有宫颈癌，但她毫不在意，依旧像以前一样生活着。手术结束不到四个月，也就是1980年的4月，她再一次参加了波士顿马拉松比赛。同年8月，在苏格兰举办的国际中老年人马拉松比赛中，她不仅成功夺冠，而且还成为世界上首位跑进3小时的50岁以上的女性。为了表彰她在田径运动中的贡献，美国田径联合会为她颁发了杰出运动员奖。

曾经有记者问她为什么对跑步情有独钟，她说："我并非生而喜欢跑步，我跑步是为了更好地生活。"

很多人在面对自己的生活时总是有各种各样的抱怨：算了，都一把年纪了，不想再去折腾了；就这么凑合吧，有很多人还不如我呢；什么远大的理想，那都是用来骗小孩的；要是我改变了，没有结果，那我不就亏了吗。

是的，生活中我们遭受过很多打击和失败，以至于当命运垂青我们的时候，我们已经没有勇气为自己活一次。然后我们把自己关在笼子里，满心怀疑地看着外面精彩的世界，感叹自己只能做命运的配角，或者只能是个路人，连个露脸的机会都没有。

可事实上，你就是自己人生的主角，当你在别人的世界找存在感的时候，你便失去了出发的动力。人生很美，只要没到最后，你就能看见，只要还有梦想，什么时候开始都不晚。就像我们熟知的摩西奶奶，她从七十岁才开始学习画画，凭借着自己的努力、勤奋和坚持不懈，在花甲之年一样实现了梦想，并由此改变了人生。

摩西奶奶全名叫作安娜·麦阿利·摩西，她出生在美国纽约州一个贫苦的农民家庭，家里一共有十个兄弟姐妹。为了维持生计，她很小的时候就到附近的农场里打工。27岁那年，她嫁给了一个农场里的工人，先后生育了十一个孩子。为了照顾家人和孩子，她每天都拼命工作。青春年华、兴趣爱好和理想，这些对于她来说，都是可望而不可即的事情。唯有生活，唯有辛勤劳动，才是她人生的全部内容。

等到把所有的孩子都抚养成人，时间已经过去了四十年，此时她已经是一个67岁的老人了。几十年如一日的辛苦劳作，使得她的身体已经大不如前。她原本想，孩子们都长大了，自己与丈夫终于可以享受生活了，可让人难以预料的是，她的丈夫意外被马踢伤，最终不治身亡。

为了不让自己成为孩子们的负担，也为了实现自己儿时的梦想，她走出丧夫之痛后便毅然决然地拿起画笔，开始学习画画。对于母亲的决定，所有的孩子都表示反对，孩子们认为母亲操劳了一辈子，现在应该是享清福的时候了。可是她的态度特别坚决，不论孩子们怎么反对，她都不动摇，并对孩子们说："学画画一直都是我的梦想，小时候家里贫穷，没有条件学习，结婚之后，我又将全部的精力放在了家庭上，更没有可能学习了。现在，你们都成家了，我也没有负担了，终于可以安心地学习画画了。"

刚开始学画画的时候，没有专业的画笔，她就用农场里刷漆用的旧刷子代替；没有画布，她就在农场周围的墙壁上画。山坡是她的画室，田野是她的模特。就这样日复一日地坚持了五年，她的作品终于得到了认可，受到了很多人的关注，其中《农场·秋》更是被托马斯·德拉格斯特亚收藏。慢慢地，"摩西奶奶"的称呼传遍了纽约，她的作品和故事被各大报纸杂志刊载。后来，她还在普希金美术馆举办了个人作品展，吸引了世界各地近十一万人次的参观。

无论是年子取得的辉煌成绩，还是摩西奶奶的巨大成功，都在告诉我们一个简单的道理——人生永远没有太晚的开始。

谁的路途没有磨难

我有些忐忑，但更跃跃欲试！

——格拉迪斯·特赫达

在2012年的伦敦奥运会女子马拉松比赛项目中，有一名运动员格外引人注目。这场比赛开始之前，她说："我有些忐忑，但更跃跃欲试。"虽然她最后只取得了第43名的成绩，但这给了她足够大的勇气继续将跑步坚持下去，同时也鼓励了很多像她一样的人为梦想继续奋斗。

这名运动员就是格拉迪斯·特赫达，她来自秘鲁胡宁省的一个偏远小城。1985年出生的她直到2009年才开始进行系统的跑步训练，2012年的伦敦奥运会仅仅是她第三次参加马拉松比赛。

闭塞落后的环境和贫寒的家庭使得她几乎不了解外面的世界，

在2007年之前，格拉迪斯·特赫达甚至不知道奥林匹克运动会。直到2007年，她家买了一台电视机之后，她才渐渐对外界有所了解。2008年北京奥运会让她知道原来跑步也可以改变一个人的命运，她的蠢蠢欲动被哥哥看出来了，于是哥哥鼓励她说："为什么你不到奥运会上试试呢？"

　　这个想法听起来有点儿不可思议。那时候，她都已经23岁了，而且从来没有接受过系统训练，连续跑步的最长时间也就50分钟，还有一个最基本的问题是，她根本买不起跑步所需的装备，就像她自己说的那样："虽然我买不起跑鞋，也没钱买出国比赛的机票，但我除了能跑之外也干不了别的。可是，能跑不就足够了吗？如果坚持下去，肯定能实现自己的梦想。"

　　她的家人和镇子上的人几乎都知道她能跑，还给她起了一个"胡宁快女"的称号。小时候，和小伙伴一起去牧场放牛，来回大约有13千米的路程，她总是第一个完成。每当妈妈做饭没有调料了，她就会主动飞跑出去买。偶尔她也会参加当地举办的一些业余性质的比赛，并赢得一点儿奖金或者一些物质奖励。

　　而现在她知道外面还有更大的舞台在等着她，这也许是她唯一能改变命运的机会了，她一定要把握住。家人和朋友也都支持她这样做，在他们的帮助下，格拉迪斯·特赫达开始了长跑生涯。

没有教练，没有运动装备，也没有训练场地，她就在乡间的小路上一个人孤独奔跑。同时，由于常年生活在冰冻严寒、积雪不化的高原上，她的耐力比大部分人强很多，这为她后来跑长跑打下了一个很好的基础。

2009年，对她来说是一个非常特殊的年份。这一年，她获得了当地所有赛事的第一名，并被一位马拉松教练看中。第一次离开家，教练安排她到胡宁省省会万卡约市和比她小很多的选手一起接受训练。

经过了一年多的训练之后，原本天赋就非常好的她进步很大。2011年3月，她第一次参加马拉松比赛，在韩国首尔的马拉松比赛中，她以2小时32分的成绩获得了2012年伦敦奥运会的参赛资格。紧接着，她又在墨西哥瓜达拉哈拉举办的泛美运动会上斩获一枚铜牌。

虽然迄今为止，她并没有什么特别值得别人称赞的成绩，但是她的职业生涯才刚刚开始，会有很多故事等待着她去书写。秘鲁奥林匹克体协官员塞巴斯蒂安·马兰比奥说："她是秘鲁人民的榜样。通过她，我们知道：只要坚持刻苦训练并严格要求自己，你就能面对任何困难。"这也许是对她最好的评价了。

这个世界有很多的不公平，但有一件事始终是公平的，那就是，只要付出努力，你总能得到自己想要的。

　　既然选择不了自己的出身，那就努力改变自己的人生方向。一味地抱怨或者退缩只会将你的生活慢慢带入泥潭，让你迷茫妥协，失去坚持下去的勇气。可是生活的路毕竟需要我们自己走，需要我们自己做出选择。所以，无论如何，请你为自己有勇气选择而鼓掌，为你的选择而坚持。

　　人生是一个边播种边收获的过程，没有经历和付出的播种，也就不可能有收获。如果选择了风雨兼程，那就别回头，一心一意地走下去，梦想就在你前进的路上。

　　影响我们人生的绝不是恶劣的环境，也不是悲惨的遭遇，而得看我们对这一切抱有什么样的信念。无论环境如何恶劣，无论条件如何艰苦，无论命运如何不公，只要抱有坚定的信念，我们就能拨开迷雾，重见光明。

　　牛顿曾经说："我之所以有今天的成就，是因为站在了巨人的肩膀上。"这一方面说明了他的谦虚品德，另一方面也道出了成功的秘诀，那就是借鉴前人的成功经验，也能使自己获得成功，甚至超越别人。他们的经历对我们而言，有很好的借鉴作用，也能激励我们在犹豫徘徊的时候不悲观、不放弃。

　　无论你所处的环境多么恶劣，无论你经历了多么巨大的挫折，如果你被绝望所控制，放弃努力，那么，失败是肯定的。与之相反，只要你心里还拥有希望，就会有一种无穷的力量帮助你战胜困难。很多时候，我们的智慧和才干并非不如别人，仅仅是与别人相比缺少希望所带给我们的精神动力而已。

曾经有一个少年，对写作非常感兴趣，立志以此为他的终身职业。但不管他怎么写，就是没有出版社对他的文章感兴趣，甚至还被他人讥笑为是一个没有文学天分的庸才！可是他并不气馁，继续在家写作。几十年后，他写出了《丑小鸭》《皇帝的新衣》《卖火柴的小女孩》等脍炙人口的童话故事。他就是安徒生。

有一个孩子，七八岁才学会说话，由于在学校的成绩非常不好，曾被老师视为"蠢材"。但他仍然努力，最后居然提出了著名的相对论。这个当年老师眼中的蠢材就是爱因斯坦。

为什么厄运没有摧垮他们？因为他们始终把厄运视为人生的磨炼，而不是负担，他们不会因此而对自己的未来绝望。在厄运来临时，他们能看得远，能让自己心中永存希望。

人生在世，谁都有过失败，有过挫折。哪位成功人士不是从失败中走出来的？但无论遇到多大的挫折和阻碍，都不能绝望，因为绝望会让你丧失一切机会。做一个意志坚强的人，无论在怎样的困境中都要看到希望，只有这样才可以战胜一切困难，才能取得最后的成功。

拼未来，先让身体答应

跑步对于一个长期锻炼的人来说，其实也有一个挑战，也是最后的坚持。而最后的坚持，成就了最终的胜利。

——林良琦

一个人若想有所成就，就必须善待自己的身体。

很多人不懂得自爱，时常欺骗自己、伤害自己。比如，每当外出办事时，他们总是暴饮暴食，或是一整天也不吃一点儿食物，在饮食上完全不遵循日常规律。此外，他们还经常剥夺自己的睡眠时间，作息异常混乱。正因如此，他们的身体在无形中受到摧残，以至于在四十岁左右就两鬓斑白，显露出衰老的痕迹。殊不知，要想实现自己的雄心壮志，必须有相应的体力与之配合。因此，一个人万万不可随意消耗自己的体力，而应该随时保养自己的身体。

十年前，林良琦并不是一个跑步爱好者，甚至一年也不见得能跑几次步。那时，他一天至少工作十二个小时，忙着开会、出差、应酬，有时连生活和家庭都顾不上，更别说体育运动了。

看着体检单上全面飙升的各种指标，他心里也会很担心，可一旦忙碌起来，他就不管不顾了。他总以为工作才是最要紧的，却不明白如果没有好的身体，工作再努力又有什么用？

真正让他有所触动的是一个朋友的离世。这个朋友年龄和他差不多大，工作也像他一样繁忙，平时看起来挺健康的，谁知道一场突如其来的病就轻易夺走了他的生命。

参加完这位朋友的追悼会，他独自一个人爬到了附近的山上。站在山坡上，他向下看，思索生命的脆弱和无情，以前他没有关注到的问题开始源源不断地冲击着他。他叩问自己，难道非要像现在这样辛苦地活着？这些年来的努力到底为了什么？

他掐灭了手中的烟，心里暗暗发誓要做一些改变。戒烟，锻炼，这是他当时最要紧的事情了。在掐灭手里的那支烟之后，十几年的抽烟生涯就此结束。从山上下来的路上，他开始了自己的跑步人生。

对于他这样每天非常忙碌而且应酬又多的人，每天给自己一点时间跑步总是很困难的。以前的他总觉得时间不够用，恨不得一天能生出48个小时来，所以刚开始的一段时间，虽说他每天都坚持跑，但大多都是应付了事，一般象征性地跑几百米就算完成一天的任务了。

林良琦就这样敷衍了大约两个月的时间，到头来身体负担一点儿也没有减轻，反而觉得一天比一天累，每天跑几百米就像是经历生死一般，跑完之后要很久才能缓过劲来。

他知道不是跑步本身出了问题，而是他的态度使得跑步没有起到应有的作用。要想彻底改变摆在面前的窘境，一方面要加大跑步的距离，另一方面要不折不扣地去完成。

于是，他为自己制定了具体的计划：每天早晨跑5000米，如果没完成，第二天就要加上之前少跑的距离。这对于他这样的初跑者来说当然是困难的，可他正是通过这种人为制造的困难锻炼了自己的意志，不给自己任何借口和理由。

经过一段时间之后，他慢慢习惯了这样的生活节奏：每天清晨五点左右起床，到附近的公园跑5000米，回家冲个澡，吃完早饭，上班。伴随着这样有规律的生活习惯，他的身体状况好了起来，体重下降了一些，变得更加结实有形，长年累月吃出来的大肚子也慢慢变小，精力也充沛了很多。原来稍一运动就感到疲惫，现在跑5000米也感觉轻轻松松。起初他跑步只是为了锻炼身体，而现在他却发现自己爱上了跑步，爱上了那种肆无忌惮地呼吸以及随时都能从身体迸发出能量的感觉。

后来，他所在公司的业务结构发生变化，中国作为其业务增长最快速的地区越来越受到总部的重视，与此同时，他们旗下的一些著名品牌受到了多家公司的竞争威胁。面对日益严重的竞争环境，作为大中华区经理的他必须带领公司打赢这场没有硝烟的战争。为此，他只好改变刚刚养成不久的习惯，跑步的路程由公园——家——公司三点变成宾馆——公司两点。为了节省时间，方便及时解决问题，掌握竞争的主动，他搬到了公司附近的一个酒店。这样一来，他的5000米跑步计划就没有办法再进行下去。

于是，他决定改变策略，由以前的追求路程变成追求时间。那段时间，他每天晚上都要到9点才能下班，下班之后还得随时准备应付各种意外情况，所以他就在酒店健身中心的跑步机上跑步，有时候回来实在太晚了，他也会在宾馆的房间内跑一跑。现在，经过长期锻炼，他的身体比以前强壮了很多。

在这个世界上，任何东西都没有我们的身体宝贵，我们必须竭尽所能保养自己的身体。只有在身体健康的情况下，我们才能在工作和生活中更加努力、不断进步。

有些人认为，自己所具有的天赋远比身体健康更重要，因此为了发挥天赋而忘记了保养自己的身体，而最终被疲软的身体拖垮了天赋。在我们的社会中，这种人可谓比比皆是，他们总是显露出一副雄心勃勃的样子，可是由于不知爱护身体，以至于没有足够的精力支撑自己建功立业。这就好比他们手中拿着一柄电钻，将自己那储藏着伟大生命力的宝库钻出难以计数的漏洞。这样的人不是疯子，那又是什么呢？

也有一些人，他们最初做事的时候充满活力。可是，由于他们毫不重视自己的身体，一度使贮藏的力量白白浪费，最终落得功败垂成的下场。还有一些人，将自己的精力浪费在愤懑、忧虑、抱怨以及琐碎的事情上，比在正式工作上消耗的体力还要多。

生活中，我们经常看到骑车的人时不时就在车轴上滴一些油，可是他们却没有意识到自己应该有一次舒适的旅行，给自己也加一点儿油。有的人每天早晨起来后，都要认真细致地把汽车检查一下，然后再启动油门，可是他们对自己的身体却不会如此细致。要知道，无论多么精良的机器，如果不按时加上适当的油，机器就可能提早报废。人也是一样，如果他每天只知道埋头工作、过度劳累，等到支持不住才肯放手，那么他很可能也会萎靡不振，无法恢复往日的健康了。

可是，有些人明知故犯，他们使足了劲儿，一味地除了工作还是工作。直到自己的身体支撑不住即将倒下的时候，才肯停下来进行保养。这样做，对他们有什么好处呢？答案是，得不偿失。

有些人很小心地保护着家里的钢琴，因此钢琴的音律总是很精准。但是，对于自己的身体，他们却不肯多花一些精力进行调节，以使自己时刻保持充沛的体力。如果他们的身体从头坏到了脚，那么他们又怎么能奏响人生的乐章呢。可想而知，他们所能奏出的无非是混乱不堪的杂音。

我们常常看到一些年轻人，每天忙忙碌碌，到头来也只是做着平凡的事情。以他们的才能，确实具有做大事的潜能。但是，由于他们缺乏旺盛的生命力和充沛的精力，无法抵抗前进道路上的风吹日晒，最终攀不上成功的阶梯。有些人平时肆无忌惮地消耗体力和精力，当机会来临时，他们却没有勇气和自信去把握，只能在怀疑和胆怯中眼看着机会流失。

每个人都应该明白，体力和精力是成功的资本。如果我们拥有充沛的体力和精力，即便一贫如洗，也比那些腰缠万贯却身心疲惫的人富裕得多。与人的体力和精力相比，金银珠宝就如同一堆没有用处的废品。至于房屋地产，则更是远不如人的体力和精力来得宝贵。

一个胸怀大志并自认为有一番作为的人，往往能够不断激励和鞭策自己，并随时随刻锻炼自己。就如同比赛选手一样，时刻准备靠强健的身体去努力奋斗，争取明天的成功。

请记住，人生中最重要的事情，就是补充自己的体力，维持自己的健康，从而为迎接将来可能出现的一切做好准备，这是每一个人的神圣职责。

PART 2

生活没有退路，你要永不止步

为什么坚持跑步的都是大佬

用力生活，用力奔跑

我们都有梦想，但是梦想成真需要惊人的毅力、付出、自律和努力！

——杰西·欧文斯

很多人都听过这样一句话：没有伞的孩子要拼命奔跑。这句话的意思是说，当现实条件让你暂时没有办法得到想得到的东西时，就去努力奔跑吧，因为这是唯一通往成功的方式。被美国人称为"黑色闪电"的杰西·欧文斯就是这样一个不断奔跑的人。

杰西·欧文斯出生于一个贫穷的黑人家庭，他从小体弱多病却热爱运动。1932年，凭借出色的长跑成绩，19岁的欧文斯敲开了俄亥俄州州立大学的校门，跟随著名教练L.斯尼特尔进行更为系统的训练。

那时候，虽然农奴制已经废除了半个多世纪，但是黑人的待遇并没有得到根本的改善，种族隔离制度的阴霾依旧笼罩在美国上空。由于种族的不公平待遇，成绩优秀的欧文斯无法拿到全部奖学金，他需要利用课余时间继续挣钱补贴家用。除此之外，白人和黑人的待遇同样截然不同。田径场上，大家为欧文斯热情呐喊，但是走出田径场，他和其他黑人学生一样住在校外，甚至吃饭也只能到所谓的"黑人食宿区"。

尽管家庭贫困，可是杰西·欧文斯并没有放松对自己的要求。1935年，在安阿伯举行的大学生运动会上，背部受伤的欧文斯在45分钟内先后破了5项世界纪录。优异的成绩，让欧文斯取得了前往柏林参加第11届奥运会的门票。

当时的德国已经是纳粹的天下，奥运会也受到了希特勒及其爪牙的监管。但杰西·欧文斯还是顶住压力，参加了四个项目：100米、200米、4×100米接力和跳远，并获得了这四个项目的全部金牌。赛后，希特勒恶狠狠地说："将来的体育竞赛中，必须把黑人排除在外。"

在这届奥运会上，欧文斯不仅震惊了世界体坛，还以惊人的成绩有力地反击了希特勒的种族歧视，证明了人种没有优劣之分，只要给他们合适的平台，他们就能发挥出惊人的能量。

欧文斯的故事告诉我们，即便我们的生活条件不尽如人意，每天一睁开眼就要承受来自各方的压力，也不要忘记自己的坚持，不要在挫折面前贬低自己，更不能失去信心。

人生的道路上，每个人都会遇到各种不顺心的事，处理方式的不同往往能直接反映出我们能够达到什么样的高度。有的人埋怨上天不公，觉得社会黑暗，没有给自己合适的机会去施展自己的才华，于是自暴自弃、自甘堕落，自然不会被世界温柔相待。

杰西·欧文斯面对的困难肯定要比我们现在面临的困难要大得多，如果他被困难击败，那么世界上最多也就多了一具行尸走肉而已，便再也不会有"黑色闪电"。

生活之所以如此精彩，根本不在于每天重复以前的日子，而在于命运给了我们无限种可能，让我们可以有无数种活法。如果你期待永恒不变，那么最后你得到的只能是无休止的回放。你是你自己生活的主角，怎么活全在于你自己，如果想要精彩，那就要随时武装自己，与这个世界死扛到底。

这个世界对谁都是公平的，它不会亏待每一个用力生活的人，如果现在它正在给你苦难，那正是你的机会，抓住它，你将会获得满满的收获。其实，当困难在给我们造成障碍，让我们看不清楚未来时，其实也给了我们一个难得的机会，让它成为我们超越自己、实现质的跨越的契机。如果你斗志昂扬，在任何时候都不放弃、不妥协，即便身陷重围，最终也会化险为夷。

偶尔的心情低落沮丧再自然不过，但真正坚强的人会快速收拾好自己的情绪，继续养精蓄锐、厚积薄发，待时机成熟再去征战沙场。屡败屡战并不可怕，可怕的是失败之后再也组织不了兵力。

想成就一番事业，你就必须做好心理准备，拿出百分之百的勇气和魄力，同时还必须忍受成功来临之前的寂寞和艰难险阻。

如果你现在正处于低谷，不要回避，更不要因为失败而贬低自己。如果生命尚未结束，永远不要给自己下结论，只要努力跑在路上，成功就会离你越来越近。

最好的时光在路上

开始，我们很难理解对于一个跑者来说，跑步不是为了击败其他对手。可到最后我们会学到一点：你所要击败的其实是你内心让你放弃跑步的那个小小的声音。

——乔治·希恩

澳大利亚有一项闻名世界的体育赛事——从悉尼至墨尔本的耐力长跑，该赛事全程875千米，要求所有参赛者必须在六天之内完成，号称世界上赛程最长、最严酷的超级马拉松。虽然这项比赛是很多顶级长跑运动员心中的目标，但并不是所有运动员都能完成的。事实上，即便是那些不到30岁，正处于运动生涯巅峰状态，且受过特殊训练的世界顶级选手，也不一定能完成。这项比赛之所以每年都能吸引成千上万名运动员参加，除了赛程艰难，挑战难度很大之外，最重要的原因是受一个人的影响——克里夫·杨，一个非常特殊的长跑选手。

1983年，赛事如期举行。像往年一样，大家的关注点都在赛事本身，根本没有人注意这个名叫克里夫·杨的人。毕竟，那年克里夫·杨已经61岁了，他穿着工装裤，跑鞋外面套了双橡胶靴，让人一看就知道他不过是个爱凑热闹的人。

当克里夫·杨拿到"64号"号码布时，人们才知道他竟然也要参赛。

顿时，人群中发出了各种各样的嘲笑声：

"他居然有胆量和一百五十名世界级运动员一起参加比赛！"

"他要是能坚持一天，就谢天谢地了。"

"我觉得他跑着跑着就能睡着。"

"我佩服他的勇气，不过我还是为他捏一把汗。"

"好在沿途的医疗设备不错，要不然我真害怕他出什么意外。"

"这简直就是对这项比赛的亵渎，是在侮辱我们的智商，我敢肯定组委会工作人员肯定都是傻子……"

有的人甚至觉得克里夫·杨不过是想在公众面前出风头。

可克里夫·杨全然不顾别人怎么想，只是坚定地站在了跑道上。

随着一声枪响，比赛正式开始了，克里夫·杨瞬间就被专业选手甩在了后面，不过他并不着急，按照自己的节奏，用略显滑稽的小碎步慢悠悠地跑着。

观众席上发出阵阵笑声，因为"可笑"的克里夫·杨连正确的跑姿都不会，他更像是一个滑稽的演员，而不是选手。

通过电视直播观看这场比赛的人和现场的观众一样，都希望这个疯老头赶紧从赛场上下来，因为每个人都认为他会在半路上累得气绝身亡。没有人知道他到底要做什么，除了他自己。

按照以前的习惯，同时也为第二天的比赛保留体力，除了克里夫·杨，其他运动员都在跑了18小时之后，选择美美地睡上6个小时。然而，不知道这个老头对此是一无所知还是故意为之，第一天晚上，他甚至连一分钟都没有睡过，经过一夜的慢跑，第二天早晨他来到了一座名为米塔岗的城市。

这个消息着实让所有人都大吃一惊，可这毕竟是一场为时六天的比赛，他总不能每天都不睡觉吧，人们似乎和他杠上了，都盼着他赶紧放弃。

而他每天就这样不停地奔跑着，从比赛的第一天开始就没有停止过脚步。尽管刚开始几天，他被所有人都狠狠地甩在了后面，可是到了最后一晚，当所有的运动员都还沉浸在睡梦中的时候，他居然成了领跑者。

他当时并不知道这个消息，依旧按照自己的节奏在跑。到了最后一天，他以61岁的高龄跑完了悉尼至墨尔本的整个赛程，比赛事规定时间提前了9个小时。这一成绩不仅使他获得了冠军，而且还打破了该赛事的世界纪录。

这场比赛之后，以前对克里夫·杨不屑一顾的专业运动员们，最后不得不承认他是他们遇到过的最难缠的对手。

这位倔强的老头创造了奇迹，成了人们的英雄。有人问他不睡觉是他制定好的策略，还是一时心血来潮，他笑了笑说："我没有什么策略。要说有的话，那就是坚持不懈地跑下去。"

事实上，相对于那些不敢去尝试的人，他勇敢地站在跑道上就已经成功了。接下来便是享受比赛，不管结果。

每一个不屈服于命运的人都明白，在路上的时光才是最快乐的。就像克里夫·杨赛后说的那样："我出生在一个农场，家里买不起马匹和四轮车。每次暴风雨快来的时候，我都要跑出去聚拢羊群。我家有2000头羊，2000英亩地。有时候我得追着羊群跑三天，虽然费工夫，但我总能追上它们。所以我相信我能跑完这场比赛，不过六天时间，也就多出三天而已。"

其实，他对长跑的热爱从未消退，从小时候追赶羊群，到年纪大了跑马拉松，他从未放弃改变自己，从未对自己的人生失望。

克里夫·杨改变了这项赛事。如今，在悉尼到墨尔本的马拉松比赛中，大部分参赛者为了完成比赛都会选择不睡觉，因为他们一致认为：要想赢得这项赛事，就必须像克里夫·杨那样不停地奔跑。

我们也同样需要克里夫·杨这种精神——打破常规、拼搏不息、坚持到底、永不放弃。

这些年来，每次很累的时候，我偶尔会追问自己：我已经这么努力了，为什么还得不到一个好结果？努力真的有用吗？如果不能得到我想要的答案，那我为什么还要努力？这样问自己的时候，我也会很害怕。因为这些问题常常纠缠在一起，最后会变成死结，将我团团围住，连呼吸都不顺畅。

我想很多人和我一样，当人生不如意的时候，总是抱怨自己的运气不好，而看到身边的朋友飞黄腾达了，就心生妒意，很不服气。是的，你告诉自己已经很努力了，你那位成功了的朋友也没有你努力，可是你有没有静下心来想一想，你是不是真如自己所言，你的努力足够支撑你的幸运。如果的确如此，收回你的抱怨吧，因为命运总会眷顾到你；如果不是，也请你收回抱怨，因为你根本没有抱怨的资格。不曾努力奋斗的人当然没有资格抱怨生活的不如意。

成功并不是人生对于我们的意义，努力才是。不管最终我们是不是站在了人生的领奖台上，只要保持奔跑的状态，我们的生活就会有所变化。成功只是努力之后的节目花絮，奋斗的过程则是演出的高潮部分。

先接纳，再去改变

我会不断给自己设定目标，而且每一次参加比赛，我都想看到比赛的背后有没有一些值得纪念的事情或者故事，用这些特殊的纪念意义来激励自己。

——琼·贝诺伊特

英国伯明翰大学运动生化学研究中心指出，运动是一种积极的生活方式。研究者认为，那些懂得平衡工作、生活、学习、休闲和运动时间的人，往往比普通人更容易获得成功。

历史上第一位奥运会女子马拉松冠军琼·贝诺伊特非常认同这种说法，她说："当然，平衡是一种挑战。对于任何人来说，要平衡你的生活、你的事业和适当的体育运动，都是非常重要却又不那么容易的事。"

为什么坚持跑步的都是大佬

1984年，在洛杉矶夏季奥运会上，琼·贝诺伊特参加了女子马拉松比赛并夺得冠军。2010年，她以52岁的高龄再度参加了芝加哥马拉松比赛，并以2小时47分50秒的出色成绩创造了52岁以上女子马拉松世界纪录。时至今日，她创造的美国女子马拉松全国纪录和芝加哥马拉松赛纪录依然没有被人打破。

她之所以选择跑马拉松，是为了破解一直缠绕着她的心理魔咒。小时候，她是个非常腼腆胆小的姑娘，一直到上高中，都没办法像别人一样正常交流。她没有朋友，唯一的伙伴就是一只陪了她将近十年的卷毛比雄犬。为此，她的父母很着急，却不知道该怎么办。

就这样一直到了高二。有一次上体育课，老师安排全班同学跑1500米。体育课历来都是她最讨厌的课程，她总会因为完不成目标而遭到同学们的嘲笑。所以每次体育课，她总会找各种理由请假，然而这次任由她磨破嘴皮，老师都无动于衷。没办法，她只能跟在同学们的后面晃晃悠悠地跑着。

可是她跑得太慢，一圈还没跑完，其他同学就又追了上来，其中有个男生从她身边飞驰而过，并故意撞了她一下。她只觉得脚踝一阵疼痛，跌跌撞撞地就倒在了跑道上。

老师看到以后，以为她又在耍什么花样，命令她起来继续跑。她挣扎了一下，可怎么也站不起来。这时候，另一个男生停了下来，走到她身边，检查了一下她的伤势，跑过去向老师汇报。老师示意这位男生带她到学校医务室好好检查一下，检查的结果是脚踝骨折。

男生把她送回了家，并在接下来的时间里成了她的"拐杖"。在因伤病不能去上学的日子里，男生总是在放学后马不停蹄地跑到她家，给她带来课堂笔记，陪她聊天，给她讲述课堂上的趣事和男孩们的秘密。

通过男生绘声绘色的讲述，琼·贝诺伊特第一次体会到朋友之间的友谊。

后来，男生把越来越多的同学带到了她的身边。为了取得她的原谅，那个故意撞她的男同学还送给她一大盒坚果派。她那颗时刻准备对抗外界的内心渐渐平复下来，她意识到自己必须要改变了。她把这个想法告诉了那个男生，并恳求他的帮助。

等到她的腿伤康复之后，男生开始让她尝试做一些简单的运动。慢慢地，她的感觉越来越好，原本一想到就害怕的1500米跑步练习，竟成为她每天必须坚持的运动。

她整个人开朗了很多，和所有同学都打成一片，不再像以前一样总把自己藏起来，不愿意与人交流。她还在体育课上与那个故意撞她的男同学一决高下，最后竟领先那个男同学将近30米。

为什么坚持跑步的都是大佬

再后来，她发现跑步是个不错的与人交流的方式，于是坚持了下来。从 1500 米、3000 米、5000 米、10000 米，再到半程马拉松、全程马拉松，她一步步地全部坚持完成了。

生活中，她经常对周围的人说："我热爱跑步，这项运动非常适合我。每个人都有自己喜欢的东西，我想体育运动也是一样，你可以选择跑步，可以去打球，可以去游泳，关键是要找到适合自己的运动。"

后来，为了帮助其他不愿与人交流的人，她到处演讲，并出了一本名为《女性跑步》的书。她还专门开设了一家名为"跑步诊所"的心理康复中心。她开设诊所的初衷是想告诉咨询的人：你要始终保持自信和保持自我，并寻找生命中有意义的事情，从而让自己的内心得到安宁。

琼·贝诺伊特的故事，正像史迈利·布兰顿博士在《爱，或寂灭》一书中写的："对每一个正常人来说，适度的自爱是一种健康的表现，适度的自重对工作和成就都大有裨益。"爱自己是一种健康、成熟的生活态度，不能理解为自以为是，而是冷静地、客观地面对和接受自己，并伴以人性的自重和尊严感。

心理学家马斯洛在其著作《动机与个性》中也提到了自我接受的重要性。他写道："新近心理学上的主要概念是舒放自然、自我接受、自我满足等。"

一个心智成熟的人不会躺在床上思考这样的事：我哪里不如人？更不会因自己不如周围的人积极进取而忧心忡忡。他们会清楚地认识到自己的弱点，或察觉到自己具有的优势和强势，然后把精力花在改进不足和缺点上，而不是自卑自叹。

若想不断进步并突破自我，我们应该将自己的长处全部发挥出来，将自己最好的一面展现出来。对于错误和缺点，我们应该及时进行改正和弥补，并迅速忘掉它们。我们应该摒弃负罪感和自卑感，因为一旦我们陷入其中，就不可能喜欢自己了。一旦我们遇到了这种情境，最好的办法就是把过去埋葬，然后重新开始。

为了学会喜欢自己，我们必须包容自己的缺点。这并不意味着我们必须降低标准，变得懒惰、糊涂或丧失斗志。我们很清楚，没有人能永远做到最好，期待别人完美是不公平的，期待自己完美则更加愚蠢。

几年前，我在一次聚会中认识了一位朋友，她是位地地道道的完美主义者。她做任何一件事都力求尽善尽美，因此凡事都亲力亲为，不肯托付给他人，甚至连一份简单的报告都要斟酌几个小时。她家里从来不欢迎突然造访的客人；她举办宴会时总是事前计划得无可挑剔。这位朋友也确实达到了一种近乎冷酷而机械的完美，但她很少感到快乐、自在或温情。这样的完美，实在是惹人生厌。

其实，不断要求自己保持完美是一种残酷的自我主义。虽然完美主义者一样会遭遇失败，但他们无法容忍自己只做到跟别人同等程度，而是要求自己超越别人，像明星一样光芒四射、万众瞩目。这样的人通常不会把注意力放在"如何将事情做好"上，而是时刻想着如何胜过别人，使自己处于傲视别人的位置上。

千万别对自己如此苛刻，很多时候，我们都需要自我放松，或是自嘲一番，这样我们才会更喜欢自己。

如果我们连自己都接受不了，又怎么能奢望别人会喜欢与我们在一起呢？哈瑞·福斯狄克说："有些人就像被风吹拂的池水，风不停，就无法反映出自己最美好的一面。"

喜欢、尊重和欣赏自己，不但能让我们的个性变得健康成熟，而且能提高与他人相处的能力。

可以不幸，不可以不行

跑步不是我一时的兴趣，而是我一辈子的挚爱。我跑步不单是为我自己，同时，也是向所有人证明，身有残缺的人照样能跑马拉松。

——派蒂·威尔森

生活中人们难免会遇到各种不如意的事情，你会失望，会叹气。但是，你的人生真的是最糟糕的吗？

派蒂·威尔森是个非常不幸的孩子，虽然她性格开朗、活泼可爱，但上帝却没有给她一副好身体——在她很小的时候就被诊断出患有癫痫，为此，她成为所有家庭成员的重点保护对象。

派蒂的父亲吉姆有晨跑的习惯。有一天，当父亲准备出去跑步的时候，她跑过来对父亲说："爸爸，我也想和你一起去跑步，但是我担心中途我会犯病。"

　　母亲听到了她这个请求，当时就果断地拒绝了她。而父亲则开明很多，表示愿意带着她一起跑，并向妻子保证不会让女儿出现任何问题。经过家庭会议的讨论，母亲持保留意见，但提出了要求：只要稍微有点儿不舒服，必须停止跑步，并且以后再也不准参加。

　　从此，派蒂就开始了自己的跑步生涯。令人感到惊奇的是，跑步期间，她的病一次也没有犯过。后来她在自己的回忆录中写道：和父亲一起晨跑是我一天之中最快乐的时光。

　　跑了一段时间以后，她对父亲说："爸爸，我想打破女子长距离跑步的世界纪录。"虽然父亲也认为她有点儿痴人说梦，但他怎么能破坏女儿的梦想呢？父亲选择了支持，并帮她查询了当时的吉尼斯纪录。

　　上高中之后，她为自己制定了更加具体的目标。高一时，她在日记本里写道：今年我跑到旧金山；到高二，要跑到俄勒冈州的波特兰；高三时，要跑到圣路易市；高四则要向白宫前进。这样的目标对于一个正常人来说都很艰难，更别说是她了。

　　虽然派蒂的身体状况有点儿问题，但是她仍然非常有信心。她觉得癫痫只不过会偶尔给她带来不便，并不能影响她的生活，也不能影响她对自己的判断。她不应该因此消极低沉，而是要更加珍惜现在所拥有的一切。

计划制定好了，接下来就要去完成了。

高一时，在父亲的陪伴下，派蒂身穿写有"我爱癫痫"的衬衫，从老家一路跑到旧金山。而做护士的母亲则开着旅行拖车尾随其后，严密注视着女儿，以防发生意外。

高二时，她拒绝了父母的帮助，身后的支持者变成了班上的同学，同学们拿着巨幅海报为她加油打气，大喊："派蒂，跑啊！"

刚开始特别顺利，但在前往波特兰的路上出了一点儿意外，她扭伤了脚。医生让她立刻中止跑步，否则有可能造成永久的伤害。

此时，她对医生说："大夫，你不了解，跑步不是我一时的兴趣，而是我一辈子的挚爱。我跑步不单是为我自己，同时，也是向所有人证明，身有残缺的人照样能跑马拉松。"

最终，医生表示可以先用黏剂将受损处接合，暂时不用石膏，但提醒她说，这样会起水泡，到时会疼痛难耐。但派蒂却坚定地点了点头，表示同意。

几经波折，派蒂终于跑到波特兰。她的精神感动了俄勒冈州州长，为此州长特地陪她跑完了最后一千米。

高中快毕业的时候，派蒂又花了4个月的时间，从美国的西海岸跑到了东海岸，最后抵达华盛顿。而这时她已经是美国鼎鼎有名的人物，当她跑到华盛顿的时候，还受到了总统的接见。她告诉总统："我想让所有人都知道，癫痫患者与正常人一样，也能过正常的生活，也能跑马拉松比赛。"

看完派蒂的故事，你有没有想过，当你的人生也和派蒂一样陷入困境时，你将如何应对呢？

有的人会悲观地说："我的一生注定充满了不幸，无论我怎么努力都没用，还不如认命。"

有的人会无助地说："我智商不高，家境也一般，只能走一步看一步了，不指望出人头地了。"

还有人会满脸委屈，抱怨不断地说："我一直都很努力啊，从来都不敢放松一下，可到头来还不是一无所获，真是令人绝望。"

其实，无论你有什么样的不幸和困难，都不应该轻言放弃，更不应该失去继续走下去的勇气。就算前面的路充满荆棘和坎坷，就算身上背着沉重的负担，心中承受着巨大的压力，你也不能放弃对未来的希望。你要坚定自己的信念，相信自己的人生价值，也许这价值不足以改变世界，但是能够改变你自己就已经很好了，不是吗？

幸福和欢乐不会一直绵延，我们会遇到光明也会陷入黑暗，我们会登上高峰也会跌落低谷，我们会拥有阳光也会撞见阴影。即便我们闭上眼睛，那些不幸的事情也不会放过我们，它们是人生的一部分。所以，我们必须正视那些不幸的事，然后战胜它们，让自己的人生得到升华。

麦克是个正直勇敢的男孩，很受人们的喜爱。1948年，麦克刚刚21岁，他参加了阿以之间的那场战争。但不幸的事情发生了，麦克的眼睛在一次交战中受到了严重伤害，甚至有失明的危险。可是，麦克脸上却一直露着微笑，跟其他伤员们夸夸其谈。为了帮麦克恢复视力，医务人员想了很多办法。

一天早晨，主治医生来到了麦克的病房，有些伤感地对他说："麦克，你知道的，我向来认为医生有责任告诉病人们真实的病情，我不能欺骗任何一位病人。麦克，我很遗憾地告诉你，你可能再也看不到东西了。"

病房忽然变得非常安静，时间仿佛也停止了。可没过多久，麦克就轻声说："医生，我知道您已经尽力了，我很感谢您对我的照顾。其实，我早就料到会有这样的结果。"缓了一下，麦克对病房中的朋友们说："既然我早就有了心理准备，那就没什么好绝望的了。虽然我双目失明了，可我的耳朵却灵得很，我的声音也很清脆，我身强体壮，行动起来毫无问题，我认为政府可能会资助我学一门手艺，那样我就可以维持生活了。我要重新开始，为自己创造一个美好的未来。"

麦克失明了，可光明依然在他的心中。他勇敢地接受了命运对他的考验，迎接另一个光明的未来。

在人生的旅途中，无论是谁，都可能面临各种考验。当我们遭遇不幸而愤懑地呐喊："为什么这种事偏偏发生在我的身上？"都只能得到一种答案：为什么就不能是你？上天不会偏爱任何人，我们在享受人生赠予的快乐时，也要承担人生带来的痛苦。生活告诫我们，任何磨难都是不偏不倚的，人们遇到它的概率基本一致。无论是君主还是乞丐，诗人还是农夫，当生老病死降临时，他们所承受的痛苦都是相同的。只有不成熟的人才会对磨难恨之入骨，并感到痛不欲生。因为他们还没明白，磨难是人生不可或缺的一部分，就跟出生、死亡、纳税一样寻常。

奔跑的魅力让你美丽

跑步是件很简单的事，只要你想，跑步就会给你提供深入了解它的机会。我就是被跑步本身的简单所深深吸引的。

——比兹·斯通

爱美之心，人皆有之。生活中，那些俊男靓女总会成为众人瞩目的焦点。不可否认，外在美确实能给人带来一定的优势。但与此同时，也有人觉得这太片面，美丽的条件绝不仅仅是外在美，内在美也能凸显出独特的气质和魅力。

黄月姣是个很喜欢跑步的女孩，和大多数爱美的女孩一样，她最开始跑步也是为了减肥，为了让自己变得更美。可是她根本就不胖，一段时间不合理的跑步和节食带来的结果是，体重下降了，身体却差点儿垮掉。那段时间，她身体虚弱，连上下楼梯都很吃力。

去医院检查后，她才知道自己得了骨质疏松症，医生告诉她，如果再这样下去，她很可能会得其他并发症。

从医院回到家后，如何用正确的方式控制体重成了她的首要任务。在这种情况下，科学跑步进入了她的生活。

2013 年 4 月，在即将大学毕业之际，趁着空档期，她开始在自己家附近的公园里跑步。因为身体条件不是很好，仅仅跑了两圈，她就坚持不下去了。可她还是特别有成就感，因为这是她迈出的第一步。

从那天起，她每天都到公园里跑上几圈，跑步里程也在慢慢增加。

两个月后，有一次她偶然看到某地正在组建跑团的新闻。联想到自己平时都是一个人跑，有时候也挺无聊的，她萌生了在微博上组建一个跑团的念头。

说做就做，很快，由她组建的夜跑团就诞生了。身为发起者，她基本每两天就会组织一次活动。在她的带领下，夜跑团不断壮大起来。

但最让黄月姣骄傲的并不是夜跑团的壮大，而是跑步给她带来的变化。以前她经常宅在家里，基本上大门不出，二门不迈。别的年轻姑娘喜欢没事逛逛街，她却一点儿也没兴趣。看到她这样，她妈妈特别着急，觉得年轻人不应该这样，总想着把她赶出门，为此母女两人经常闹矛盾。但自从喜欢上跑步之后，黄月姣觉得待在家里很难受，反而经常出去跑步。母亲看在眼里，也为女儿的变化感到高兴。

关于跑步，黄月姣有着自己的理解。她说："爱上跑步的过程，如同恋上一个人。最后决定相随一辈子的原因还是内在的打动。跑步让我更能看清自己，一个性格外向开朗，却又享受孤独的自我。"

其实，黄月姣所说的内在的打动正是我们每个人所应该培养的气质。那么，怎样才能成为一个有气质的人呢？

首先，学会充分发掘自己，即看到自身的优点与长处。相信大家都懂得一个道理：没有人是十全十美的，但是每个人都有属于自己的闪光点。一个长相平凡的人也许不够俊朗、不够妩媚，但是他可能心思聪慧，拥有善良、体贴等美好品质，而这些正是他获得人们赞扬与喜爱的最重要的因素。

其次，懂得展示自己，把自己美好的一面呈现在别人面前。每个人的内心都住着一个完美的天使，我们要做的事情就是把她呼唤出来，并带到我们的生活中。如果你的内心温柔敏感，那就在人们面前呈现你的温柔敏感，让大家去理解你、欣赏你；如果你的内心热情豪爽，就不要用羞怯的框束缚自己，压抑那个本来自由奔放的你。只有将自身最美好的一面展现在人们面前，才会显现出最美丽的阳光，才会散发出最迷人的气质。

如果以上这些还是不能够帮助你找到自信，发掘出你的内在美。不要沮丧，下面我介绍的这些方法，或许可以给你带来一些帮助。

人们常说，眼睛是心灵的窗户。躲避别人的眼神常常会让人觉得不安全，传递给对方一种不好的信息。它意味着：我有罪恶感；我做了或想了不想让你知道的事情，我怕一接触你的眼神就会被你看穿。练习正视他人，这等于是在告诉他：我很诚实，而且光明正大；我告诉你的话都是真的，我不心虚。要想让你的眼睛为你工作，就要有意识地练习专注地看着别人。这不但能给你信心，而且能为你赢得别人的信任。

一般情况下，松散慵懒的姿态只会给人传递出一种工作上、生活上或是情绪上的不愉快。心理学家告诉我们，通过改变走路的姿势和速度可以改变心理状态。往往，那些走路速度比一般人稍快一些的人，常常也是拥有超凡信心的。

在日常生活中，当你参加各种聚会或是讲座活动时，会发现后面的座位总是先被坐满。事实上，那都是一些缺乏自信的人。你不要再那么做了，要争取往前排坐，那样能够帮助你建立自信。相信我，你不妨把它作为一个准则试试看。当然，坐在前面会比较显眼，但是要记住，有关成功的一切都是显眼的。

　　有时，我们会在一些讨论会上看到，很多有才华的人经常无法发挥他们的长处，参与到人们的交流中去。其实，并不是他们不想发言，而是他们缺乏自信。从积极的角度来看，尽可能多地在公众场合发言，就会在不知不觉中增强你的信心。不管是积极的建设性意见还是批评，都要大胆地说出来。不要担心你的话是否会遭受别人的嘲笑，因为总有人同意你的见解。

　　如果你在生活中不断地重复这些做法，加强挖掘内在美的意识，那么久而久之，你就会成为与众不同且独具魅力的人。

自信的人永远无所畏惧

不是所有人都会有第二次机会，但是我可以通过自己的生命和经历去帮助他人，并用另一种方式感谢上天的恩赐。

——艾米·温特

有这样两项有趣的调查。

第一项调查是：你认为最难解决的私人问题是什么？在接受调查的1000个人当中，有75%的人认为"信心不足"是自己存在的最大问题。另一项是有关营养不良的调查，调查结果显示，世界上至少有三分之二的人是营养不良的。

为什么要把这两项调查放在一起呢？因为这里面有一个很有趣的现象：在这个世界上营养不良的人和缺乏信心的人一样多。

营养不良，会导致我们的精神出现问题；而缺乏自信，也同样会导致精神上的萎靡不振。营养不良好办，我们只需根据医生的建议注意合理饮食，问题自然就能解决。可是缺乏自信心该怎么办呢？在探讨这个问题之前，我们先来认识一个人。

在2010年美国西部的163千米极限耐力赛上，有一位女选手特别引人注目，人们对她的关注甚至超过了赛事本身。她为什么能吸引那么多人的注意呢？因为她是首个获准参加西部163千米比赛的残疾运动员，同时也是第一个进入美国国家田径队的残疾运动员，在若干年的职业生涯里，她用她的自信和微笑感染了一批又一批人。

她的名字叫艾米·温特。1994年，这位善良的姑娘经历了人生中最艰难的一段时光，年仅22岁的她不仅失去了自己的爱情和婚姻，而且遭遇了一场严重的车祸，失去了左小腿。在度过最初的昏昏沉沉之后，她决定改变现状。这是她最大的优点，任何时候都不放弃自己，都对未来充满自信。

车祸后的三年里，为了治疗和康复，她先后经历了大大小小25次手术。即便伤痛已经过去了很久，她还是不愿意使用假肢，因为这会让她觉得自己是个废人。直到2006年，一家医疗器械公司被她的坚持和自信感动，专门为她量身打造了一款假肢后，她才最终接受。

结束治疗后，为了和以前的生活彻底决裂，艾米·温特拒绝了亲朋好友的帮助，和她的两个孩子从宾夕法尼亚搬到了纽约长岛郊区。一个人的生活总是很艰难的，特别是像她这样的残疾人，尤其还带着两个孩子。她每天都要在各种角色中来回转换：妈妈、公司员工、康复中心兼职培训人员，同时还要经常参加一些公益活动。

要强的性格让她并不满足于现状，她认为别人能做的她一样也可以，为此她决定尝试跑步。没出车祸之前，她就是个跑步爱好者，那时候每天吃完晚饭后，她都会在离家不远的公路上跑步，那次车祸就发生在她出去跑步的途中。

一个四肢不健全的人选择跑步已经很让人觉得不可思议了，可为了证明自己并不比别人差，也为了锻炼自己的意志力，她竟然选择了极限耐力跑。这可是连正常人都很难完成的任务啊！

她说："不是所有人都会有第二次机会，但是我可以通过自己的生命和经历去帮助他人，并用另一种方式感谢上天的恩赐。"

既然定下了目标，就要义无反顾地进行下去。日常的工作和生活即使再繁忙，她都会抽出时间来进行训练。每晚哄孩子们入睡之后，她就外出训练。没有专门的场地，她就到附近的街道或者24小时开放的健身房去，经常一训练就是几个小时，有时候甚至会持续整整一个晚上。

经过三年多的刻苦训练，她觉得检验自己成绩的时刻到了。

2009年10月，她第一次参加极限耐力赛——美国中部163千米极限耐力赛，并出人意料地得了第一名，获得了参加更加残酷的西部163千米极限耐力比赛资格。到2010年，加上西部163千米极限耐力比赛，她先后参加了10项极限耐力跑：成功地在30小时之内完成了西部163千米极限耐力比赛，在"奔向未来"的比赛中创下24小时奔跑208千米的惊人成绩，完成了加利福尼亚州号称"美国死谷"全程216千米的恶水超级马拉松比赛……

在完成恶水马拉松后，艾米说："我会一直这样下去，一直跑下去。"

谁都知道她在比赛中会遭遇各种难题，可是谁都无法想象她怎样去克服。跑步途中，哪怕一个小石头都会让她摔倒，一路上她自己都不知道要摔倒多少次才能到达终点。每跑几千米，她就必须脱下假肢，倒出里面的汗水；而假肢与大腿接合处的摩擦让她总是处于疼痛当中……然而就是这样一个人，却完成了大多数人都难以完成的比赛。这是奇迹吗？不是，这只是她用自信向世界宣布活着的证明。

与艾米·温特相比，我们中的绝大多数人都有比她更好的客观条件，然而我们却未能像她那样创造出如此多的成就，其中一个重要的原因就是，我们对自己不自信，我们害怕失败，所以摇摆不定，踟蹰不前。

有时候我们需要怀疑自己，但更多的时候我们必须相信自己，自信起来。缺乏自信心的人，往往会失去自我，失去灵魂，也会失去生活的动力，觉得生活枯燥乏味。而自信的人却完全不一样，他们会将这种自信转化成武器，走出一条自己的道路来。

所以，在成功的道路上，一个人最大的障碍恰恰是自己，最大的挑战就是战胜自我，而战胜自我必须依靠自信。

慢慢来，一切都来得及

本质上说，人与人之间有许多不同。如果你想得到一些东西，请跑100米。如果你想体验一些东西，请跑一个马拉松。

——艾米尔·扎托贝克

有梦想的人总是幸福的，有目标的人总是淡定的，而为梦想和目标坚持不懈的人总会得到上天的恩赐。因为上天会厚待每一个认真生活的人。

艾米尔·扎托贝克原本是捷克共和国一家鞋厂的普通工人，在一次几百人的长跑比赛中，从没有受过训练的他却以第二名的优异成绩跑完了全程，他所特有的长跑天赋在这场比赛中也被人们所发现。后来，经过短时间的系统训练，他便代表捷克去参加第14届伦敦奥运会。在这届奥运会的10000米比赛中，他先是以三百多米的优势获得了金牌，紧接着又在自己并不擅长的5000米比赛中获得了第二名。当时，第二次世界大战刚刚结束，在百废待兴的西方世界中，艾米尔·扎托贝克一夜之间成为全民偶像。

这次比赛结束以后，扎托贝克觉得自己应该进行更系统的训练，并为自己制定了分别突破10000米、15000米和20000米的阶段性目标。在教练的指导下，他一步步接近自己的目标。

后来，在1952年的赫尔辛基奥运会上，他先是在自己最擅长的10000米项目上，以领先第二名100米的优势获胜。随后他又分别参加了5000米和马拉松两个比赛项目，并在这两场比赛中都轻松击败了所有对手。由此，他成为迄今为止唯一一个在同一届奥运会上同时获得5000米、10000米和马拉松三枚金牌的运动员。

不可否认，扎托贝克能在很短的时间内取得优异成绩与他的天赋分不开。然而，真正让他达到如此高度的除了他的天赋和持之以恒的训练外，更关键的是他永远都给自己设立一个切实可行的目标，不盲目追求速度，也不急功近利地去追求成绩，这才有了他从10000米到5000米，再到马拉松的跨越。所以说，他的天赋让他可以战胜大部分人，而他为此制定的目标却让他有了正确的方向。

生活中，几乎每个人都有自己的人生目标或者理想，但并不是每个人都能成功。很多人经常抱怨自己的坚持没有得到相应的回报，为理想持之以恒的奋斗没有收获成果，这其中有个很大的原因是我们设定的目标过大，甚至超过了自己的能力范围。

有这样一个故事：在一条繁华的商业街上有三家染布坊。这三家染布坊的老板为了凸显自己店的优势，分别在自己的店门口挂出一块牌子。第一家店在门口挂出的牌子上写道：本店是全国最好的染布坊。第二家店在门口挂出的牌子上写道：本店是全世界最好的染布坊。全国最好有了，全世界最好也有了，用其他夸张的词汇肯定是吸引不了顾客的关注，那怎么办呢？第三家换了一种思路，在自家牌子上写道：本店是整条街最好的染布坊。

结果，第一家和第二家染布坊尽管把自己宣传得天花乱坠，然而顾客并不是很多，而第三家的生意却一直都红红火火的。相信其中原因大家也都明白：第一，说自己是全国最好、全世界最好，明显是在欺骗顾客，顾客不是傻子，自然不会上当，而宣传是这条街最好的，这显然是可以实现的目标；第二，即使第一家和第二家店是全国和全世界最好的，只要它们还在这条街上，就永远比不过第三家店，因为它是"整条街最好的染布坊"。

通过这个故事，我们可以看出，如果你不能客观评价自己，一味追求伟大目标的话，不仅不会促进自己的进步，反而会阻碍自己的脚步。一个文盲怎么都不应该把自己的目标定在写出一本闻名中外的文学巨著上；而一个厨子更不能把理想定为成为核弹专家，即使想当米其林五星级大厨，也应该先设定短期的目标，比如现在有了二级厨师证，然后把短期目标定为获取一级厨师证。

那么，如何才能给自己制定合理的目标呢？首先，要对自己以及自己所处的环境有清晰的认识，比如自己现在的能力能不能达到要求，还需不需要继续学习别的技能，目前条件与目标之间的差距有多大，如何寻找到合适的资源等；客观分析自己之后，开始考虑可能面临的难题，寻求解决办法；然后再将你的目标分解，越具体、清楚越好，按照这个步骤，一步步去实现它。

在追求目标的时候，即使它是切实可行的，也往往并不那么容易实现。前进的道路上甚至每一步都会有泥潭或沟壑，这几乎是不可避免的，所以陷入逆境并不可怕，知道以怎样的态度去面对它才是最重要的。这时候，如果我们选择踟蹰不前或者是退缩，那么目标就永远只能是目标了，永远也实现不了。我们应该抱着积极乐观、坚持不懈的正确态度，不论命运如何对待我们，我们都应该在自己的笑声中继续下去，同时反思自己的目标是不是不够合理，及时做出调整，才能避免那些没有意义的坚持。

之前看过一个报告，是哈佛大学关于目标对人生影响的跟踪调查。研究结果显示，那些没有人生目标的人几乎都生活在社会的最底层；目标模糊的人生活在社会的中下层，他们大都生活安稳，但也仅此而已；而有短期目标的人则大都是社会的中上层，比如医生、律师、工程师等，这些人往往会一步一步推进自己的计划与目标，成为各个行业里的专业人士；最终能站在社会顶层的人基本上都是那些有清晰短期目标和长期目标的人，这样的人往往会根据自己的目标坚定不移地走下去，取得一些超乎常人的成就。

当然，这只是一个调查，并不能一概而论，但至少可以说明一些问题。就像那句话说的，"天助自助者"，当你清楚地知道自己要做什么时，连上天都会帮助你，没有什么能比我们抱定信念坚持不懈地完成更能让上天感动。如果你依旧不知道自己的方向在哪里，从现在开始停下手里的一切，好好考虑一下，这样你才能在接下来的道路上有的放矢。

PART 3

如果你想出发，全世界都会为你让路

为 什 么 坚 持 跑 步 的 都 是 大 佬

超越，从迈出第一步开始

一个没有足够勇气去冒险的人，在生活中将一事无成。

——穆罕穆德·阿里

2015年1月3日，对于宜准（EZON）运动表品牌创始人陈祖元来说，是个难以忘怀的日子。这一天，经过长期准备的他成功实现了自己的第一个全程马拉松。这在别人眼里也许并不算什么，可对于他这样每天工作繁忙同时很少锻炼的人来说却意义非凡。这次成功给了他极大的信心，让他可以将跑步事业继续坚持下去。

比赛结束后，记者在对陈祖元进行采访时，问道："你是如何坚持跑完全程的？"

他这样说道："关键是迈出第一步。跑一千米不需要任何勇气，但跑一个马拉松确实需要勇气。当我决定跑马拉松时，就下定决心无论如何一定要跑完全程。现在跑完了才发现，这其实不是什么奇迹，而是一种坚持。其实很多人和我一样有跑全程马拉松的梦想，但都没有实现，这是因为我迈开了第一步，他们却被'遥远'这两个字给吓倒了。他们还没有出发，心里的第一步先摔倒了。"

陈祖元决定跑自己的第一个马拉松是在2014年，当时正值宜准运动表发展最迅猛的时期，企业的快速发展一方面让他觉得欣慰，多年的辛苦努力总算没有白费，另一方面却又让他感到恐慌，生怕因为决策失误而导致发展举步维艰。

那段时间，他作了很多思考，其中有一条就是必须尽快完善企业文化。他为企业定的第一个关键词就是坚持，即在任何时候都不放弃。对于如何将这个关键词落地，他想了一个妙招，那就是鼓励公司所有员工跑步。为了起到积极的带头作用，他下定决心自己先跑一场马拉松。然而因为工作关系，他已经很长时间没有锻炼过了，想要重新开始并不是一件容易的事。

做出这个决定之后，陈祖元便开始了他的训练计划。他根据自己的体能，合理安排作息和训练任务，并根据智能运动表的提示，及时调整自己的速率和步伐。如果实在忙碌的话，他就在办公室里利用跑步机跑，但不管多忙，他每周都至少会外出跑步三次，距离也从刚开始的5千米慢慢增加到10千米，再到后来的15千米，到最后，他要求自己每周必须跑一场马拉松。看到自己的进步，他的信心也在慢慢增长，刚开始那种总是担心完不成的焦虑也慢慢消失殆尽。

对他来说，训练不仅是提升自己跑步功底的过程，还是一种特殊的放松方式，更是他提升自己精神境界的途径。在每天的训练中，他首先做的就是放空思绪，彻底抛开羁绊和困扰。每当快要坚持不住的时候，他就在心里告诉自己：坚持一下，再坚持一下，成功就在前面，只要再坚持一下就可以了。

很多人之所以不敢跑马拉松，并不是自己的能力不够，而是没有勇气迈出第一步，被42.195千米这个冷冰冰的数字吓到。

通过陈祖元的马拉松经历，我们发现，只要有勇气跑下去，战胜内心的恐惧，敢于挑战不可能，就能达到目标。在这个过程中，意外和障碍会暂时阻断前进的道路，但只要相信自己，拿出十足的勇气去面对，咬紧牙关坚持下去，前面便是锦绣前程，光明大道。

与马拉松一样，人生也是一场艰难的赛程。然而人生的路程却要艰难得多，这其中不仅有空间的距离，而且有心理上对于生活的畏惧感，即缺乏必要的勇气。当我们有勇气走出第一步时，其实就解决了至少一半的难题。很多困难只是貌似强大而已，你主动面对它，它就会变得渺小。

为什么坚持跑步的都是大佬

著名成功学家拿破仑·希尔曾经说过："你唯一的限制就是你脑海中自己设立的那个限制。"如果连开始的勇气都没有，一味执拗于自己设定的限制而不敢行动，那么你的理想就是浮云，是不切实际的妄想。走出第一步，才会有第二步、第三步、千步万步。等到那时，再回头看看，你就会明白，所有担心都是多余的。

当然，很多时候我们不敢迈出人生的第一步也是因为我们不敢面对人生的逆境。就像卢梭说的那样："一切伟大成就的取得，莫不得益于那所叫作'逆境'的学校。"

"逆境"是最为严厉最为崇高的老师，它用最严格的方式教育出最杰出的人物。人要获得深邃的思想，或者想取得巨大的成功，就要善于从艰难困境中摒弃浅薄。不要害怕苦难，不要鄙夷不幸，因为往往是这种不幸的生活造就了深刻、严谨、坚韧、执着的个性。

科贝特曾说："当我还只是一个每天薪水仅为6便士的士兵时，我就开始学习语法了。床铺的边上，或者专门为军人提供的临时床铺的边上，都是我学习的地方。把一块木板往膝盖上一放，就成了我简易的写字台。在将近一年的时间里，我很少为学习买专门的用具，我也没余钱来买蜡烛或者灯油。在寒风凛冽的冬夜，除了火堆发出的微弱光线之外，我几乎没有任何光源。而且，即便有就着火堆的亮光看书的机会，也只有轮到我值班时才有。为了买一支钢笔或是一叠纸，我不得不节衣缩食，从牙缝里省钱，因此我经常处于半饥半饱的状态。

"每次，揣在我手里用来买笔、买墨水或买纸张的那枚小铜币似乎都有千斤之重。要知道，在我当时看来，那可是一笔大数目啊！当时我的个子已经长得像现在这般高了，我的身体也很健壮，体力充沛，运动量很大。在部队除了食宿免费之外，我们每个人每周还可以得到两个便士的零花钱。我至今仍然清楚地记得这样一个场面，回想起来简直就是恍如昨日。

"有一次，在市场上买了所有的必需品之后，我居然还剩下了一个便士。于是，我决定在第二天早上买一条鲱鱼。当天晚上，我饥肠辘辘地上床了，肚子不停地咕咕作响。我觉得自己饿得快晕过去了。而不幸的事情还在后头。当我脱下衣服时，竟然发现那宝贵的一个便士不知道在什么时候已经不翼而飞了！我一下子如五雷轰顶，绝望地把头埋进发霉的床单和毛毯里，像一个孩子般伤心地号啕大哭起来。"

但是，即便在这样贫困窘迫的环境中，科贝特还是坦然乐观地面对生活，坚持不懈地追求着卓越和成功，最后成为一位著名的作家。

艰难的环境不但没有消磨科贝特的意志，反而成为他不断前进的动力。他说："如果说我在这样贫苦的现实中尚且能够征服困难、

091

出人头地的话，那么，在这世界上还有哪个年轻人可以为自己的庸庸碌碌、无所作为找到开脱的借口呢？”

逆境对于我们来说意味着什么？是灾难、考验和经历。人生是不停行走的过程，在逆境中我们可以挖掘出难以估量的潜力，激发出无穷的斗志，发挥出优秀的品质。人活一世，确实不易，我们需要前进，需要无畏的精神，需要奋斗。

如果你想让自己的人生变得辉煌，那请先迈出第一步吧！

永远，永远，不放弃

我每天跑呀跑，慢慢形成了一种信念，就是无论在任何情况下，永远，永远，不放弃！

——威尔玛·鲁道夫

1920年10月，一个漆黑的夜晚，在英国斯特兰腊尔西岸的布里斯托尔湾的洋面上，发生了一起船只相撞事件。一艘名叫"洛瓦号"的小汽船跟一艘比它大十多倍的航班船相撞后沉没了，104名搭乘者中有11名乘务员和14名旅客下落不明。

艾利森国际保险公司的督察官弗朗哥·马金纳从下沉的船身中被抛了出来，他在冰冷的海水中挣扎着。救生船这会儿为什么还不来？他觉得自己已经奄奄一息了。

渐渐地，附近的呼救声、哭喊声低了下来，似乎所有的生命全被浪头吞没，死一般的沉寂在周围扩散开去。就在这令人毛骨悚然的寂静中，突然传来了一阵优美的歌声。

那是一个女人的声音，歌曲带着一点儿哆嗦，可丝毫没有走调，那歌唱者简直像面对着客厅里众多的来宾在进行演唱一样。

马金纳静下心来倾听着，一会儿就听得入了神。教堂里的赞美诗从没有这么高雅，大声乐家的独唱也没有这般优美。寒冷、疲劳刹那间不知飞向了何处，他的心境完全复苏了。他循着歌声，朝那个方向游去。

靠近一看，那儿浮着一根很大的圆木头，可能是汽船下沉的时候漂出来的。几个女人正抱住它，唱歌的人就在其中，她是个很年轻的姑娘。大浪劈头盖脸地打下来，她却仍然镇定自如地唱着。在等到救生船到来的时候，为了让其他妇女不丧失力气，为了使她们不会因寒冷和失神而放开那根圆木头，她用自己的歌声给她们增添精神和力量。就像马金纳借助姑娘的歌声游靠过去一样，一艘小艇也以那优美的歌声为向导，穿过黑暗驶了过来，最后马金纳、唱歌的姑娘和其余的人都被救了上来。

有时候，我们觉得生命太过委婉沉重，于是任自己渐渐失去希望与期许，由失望到绝望，直至放弃自己。其实，很多时候，我们只要坚持一下，再坚持一下，得到的结果便会大不相同。

在很多人的印象里，跑马拉松是年轻人的专利，可在加拿大却有一位81岁高龄的跑者，她就是艾德·维特洛克，她以3小时30分钟的成绩创造了第19个世界老年组纪录。在此之前，她分别在74岁高龄时跑出2小时56分27秒的成绩和在80岁时跑出3小时15分53秒的成绩。

与艾德·维特洛克的故事相似的是，在北欧有许多平均年龄高达81岁的滑雪运动员。时至今日，这些强悍的滑雪者平均每周还要训练四到六天，每次训练将近两个小时，他们这样坚持了大约五十年。在这期间，他们从来没有任何一次超过两个月的放松，即使是在夏季雪比较少的时候，他们也会用骑行、跑步和游泳来代替滑雪。在这群高龄滑雪者中，91岁高龄的马丁·伦德斯托姆还在冬季奥运会上夺得过两枚金牌。

如果你问他们为什么在如此年纪还能取得这样的成就，他们也许会告诉你：每一个华丽的身影背后都有一个坚持的影子。哪怕比昨天只快一秒，你都会庆幸今天的自己是充实的。事实上，成功哪有秘诀，唯坚守希望而已！

大家对居里夫人可能并不陌生，她出生在波兰一个书香门第的家庭里。她幼年丧母，少女时代到法国索尔本大学攻读学士学位，成为物理学学士和化学学士，和丈夫一起夜以继日地研究，终于发现了镭，在科学界引起强烈反响。他们将镭捐给了医院用于治疗，然后在业余时间一头扎进实验室提取镭。

1903年12月，她和丈夫获得诺贝尔化学奖。获奖不久，丈夫就因车祸去世，但她却因为遇到生命中第二个伴侣而被流言蜚语包围。可是她挺过来了，而且又一次获得了诺贝尔奖。居里夫人是镭的母亲，但她却不曾拥有一克镭，就连实验所用的镭都是美国民众捐的。因为长期接触镭，过量的辐射带给居里夫人十分严重的疾患，终后因病去世。

而就是这样一位女性，一个连连遭受打击，幼年丧母、中年失夫、半生清贫的人，却成为世界上唯一两次获得诺贝尔奖的女性。居里夫人一生都在与命运和贫穷做斗争，她拒绝财富，将荣誉看得很淡。唯一让她着迷的是科学，为了科学，她花费了一生的时间。为了提取镭，她曾和丈夫在那个非常简陋的实验室一待就是四年，饿了啃点儿面包，渴了喝点儿水。

虽然不是每个人都能像居里夫人一样创造历史，但是每个人都可以像她一样，面对任何挫折与不公都咬着牙挺过去。关键问题是，你想不想挺过去。不管人生的航程中是晴天还是阴天，不管前面的水域是暗礁还是险滩，不到最后一刻，都不要放弃你的航向。不管你遇到多么大的困难，想放弃前路，甚至放弃自己时，请想想那些爱着你的人和你深爱着的人，想想他们的脸，他们的声音，他们的微笑，还有他们对你的期待。

莎士比亚曾说："一个困苦、卑微，为命运所屈辱的人，只要还抱有希望，便可无所畏惧。"

有时候希望虽然渺茫，但它一直都在。你也一直都知道它的存在，甚至经常有那么一瞬间，你马上就能逮住它。可是你并没有，然后你开始不相信，甚至自暴自弃。

如果成功那么容易，命运为什么还会设置那么多关卡？成功并不是目的，在你的世界里活出不一样的自己才是命运的终极密码。圆月之后便是残缺，光明的背后阴影相随。然而同样的，每朵乌云背后都有阳光，每一次花败都是另一次绚烂盛开的开始。总之，在众多的挫折中总会藏着成功。

希望是一座灯塔，它会照亮人生之船的航道。当我们陷于困境而不知道何去何从时，希望便会告诉我们"山重水复疑无路，柳暗花明又一村"；当看不到前方的道路而停滞不前时，希望就会警醒我们"长风破浪会有时，直挂云帆济沧海"；当我们因为受到挫折的打击而郁郁寡欢时，希望会告诉我们"天生我材必有用，千金散尽还复来"。就像那句真理说的那样："黑夜无论怎样悠长，白昼总会到来。"人生永远没有绝望，它只会将你的梦想延长，坚持不懈，你就能站在高岗上。

生活就像海洋，而希望则是渡我们过去的船，有时候因为它太过狭小，让我们不敢漂洋过海，只能站在岸边望洋兴叹，而那些意志坚强的人早已到达了大洋彼岸。人生永远不会一帆风顺，在每一次的潮起潮落中，总有人经受不住颠簸，选择停歇，在自己的世界里做别人的观众；而另一些人则慢慢习惯了浪花的拍打，习惯了路途的颠簸，在波涛巨浪中学会了坚强，在风雨交加的夜晚继续前行。

你要明白，结果并不重要，艾德·维特洛克和马丁·伦德斯托姆也并不是为了争取巨额的财富和令人羡慕的名声，他们只是为了对自己人生的每一刻都负责。他们只是想永远过有希望的生活，这才是他们坚持的原因。

人生可以没有很多东西，比如金钱、事业或是虚名，却不能没有希望。如果你始终抱有希望，你的生命就会生生不息。请记住：没有比脚更远的路，没有比梦想更高的天空。

沮丧的时候，请停下脚步

生活常常被比成马拉松，但是我认为它更像短跑。

——迈克尔·约翰逊

在这个世界上，有成千上万的人无法抵达心中的目的地，尽管他们很想去，但是总也找不到出路。他们没有勇气进入竞争激烈、摩肩接踵的世界，由于心情沮丧，他们变成了懦夫。

以沮丧的心情怀疑自己的生命，是一种极不健康的思想，它会阻碍我们走向成功。其实，只要我们拥有乐观的态度、坚定的信念和勇气，就足以应对生命中的所有事情。也只有如此，我们才能成功。然而，有些人处于逆境，或是遇到沮丧的事情，或是陷入凶险的境地时，通常会产生恐惧、怀疑、失望的心理，使自己丧失斗志，以至于一败涂地。也有很多人如同井底之蛙，他们辛辛苦苦往上爬，想跳出井口，可一旦失足，就再也没有勇气重新开始。

由李宁公司赞助的10千米路跑联赛每年都会吸引数万名跑步爱好者，吴修文就是其中之一，他想用这种方式纪念曾经的自己和逝去的青春。

最初，吴修文和很多年轻人一样，最热爱的运动是篮球。1.96米的身高，青岛大学篮球队的主力小前锋，这样的标签，似乎预示着他的美好前程正款款而来。为了成为专业的篮球运动员，也为了保护自己的身体，减少受伤，他听从了CBA青岛双星队大前锋杨庚林的建议，开始真正系统的慢跑。

虽然每天训练已经很累，但每天训练结束，吴修文还是会跑到离学校不远的海岸跑40分钟。因为是新生，刚入校队的时候，尽管他的篮球技术比很多人都厉害，可教练还是安排他打替补。每当他郁闷的时候，他就会在操场上一圈一圈地跑。大汗淋漓后，他才会觉得前所未有的舒畅。

一段时间之后，教练开始特别关注他，并被他精湛的球技和孜孜不倦的态度所折服。慢慢地，他上场的时间越来越多，状态也越来越好，逐渐成为队内不可或缺的球员。

然而，2011年，他却在全面爆发的时候发生了意外。

那天，他和往常一样，上场之后就发扬了敢打敢拼的个性。那是一个快攻机会，队友拿到篮板后，将球传给他。他接过球，像一阵风一样来到前场，准备奉献一记势大力沉的灌篮。这本是他和队友长期磨合的一个简单战术，可这次他却因为起跳高度不够和节奏不对导致整个人都摔在了地上，当时就站不起来了。

医生的诊断结果是左膝十字韧带断裂，这对于篮球运动员来说，简直就是致命的伤害，很少有人能在恢复之后保持之前的状态。

听到这个消息，他的内心失落到了极点。他才刚满二十岁，美好的青春还在等着他呢，命运却给了他一记响亮的耳光。

手术完毕之后，医生特别嘱咐他以后不能再进行剧烈运动了，潜台词就是他再也无法进行篮球比赛了。但他却不服输，积极地进行康复训练，慢跑逐渐成为他生活的一部分。

半年后，吴修文重新站在了赛场上，这令医生十分惊讶。而他知道，是慢跑让他膝盖周围的肌肉变得强壮了。

2015 年 6 月，他即将大学毕业，和原本设想的不一样，他最终没有继续从事篮球运动，而是决定找一份踏踏实实的工作，唯一不变的就是继续跑步。

毕业前夕，青岛举办了李宁 10 千米路跑联赛比赛。他决定给自己的大学生涯留下点儿不一样的东西，这是他第一次参加这种比赛，他说："跑 10 千米肯定没问题，希望能跑进前 1000 名吧，也纪念一下大学的青春。"

生活中，我们最大的敌人往往是自己。只有那些勇于承认失败，敢于从头再来的人，才能赢得人生的胜利，才能最终战胜命运。面对失败，我们没什么可害怕和抱怨的。从哪里跌倒，就从哪里再爬起来，掸掸身上的尘土，继续前行。

如果你想平淡地过一生，那么只需要守着你的一亩三分地就行了；如果想过不一样的人生，那么就必然要承受种种挫折和失败。跌倒并不可怕，可怕的是你不敢爬起来，或者是即便爬起来，也不敢再继续跑下去。雄鹰总要经历多次的失败，才能飞得更高；孩子总要在跌倒中才能学会走路，学会奔跑。如果因为一次跌倒就放弃，那么你注定会错过更多的精彩。

不能因为一时的失败就全盘否定自己，任何时候都要以一颗平常心来看待人生中的起起落落。

应该注意的是，我们在感到沮丧时，千万不要去解决重要的问题，也不要对自己的人生大事做出决断，因为沮丧的心情会使人的决策陷入歧途。

不管心情是多么沮丧，你都要在沮丧过去之后再决定人生大事的步骤和做法。对于一些需要解决的重要问题，必须要有最清醒的头脑和最准确的判断力。在沮丧的时候，千万不要判断有关自己人生转折的问题，而要等到心情最欢畅的时候去决断。

在深感沮丧，脑中一片混乱的时候，正是一个人最危险的时候，因为此时最容易做出非理性的判断，拟订漏洞百出的计划。如果有什么事情需要作计划和决断，一定要等到头脑清醒、心神镇定的时刻。

人们在沮丧的时候，往往不能发出精辟的见解，也不能做出正确的判断。这是因为，健全的决断取决于健全的思想，而健全的思想又取决于愉快的心情和清醒的大脑。所以消除沮丧，进行健全的思考，就应该保持心情和精神上的乐观和理性。

你受的苦将照亮你的路

当我做好准备后，至于赛道是一个技术型的，还是一个快速型的都不在话下，我都将努力赢得好成绩。

——保罗·特加特

莎士比亚说："自信是走向成功之路的第一步，缺乏自信是失败的主要原因。"

如果你想获得成功，想保持奋斗状态，首先必须做的事情就是要相信自己。这样，你才能控制全局，稳扎稳打，一步一个脚印，做什么事情都胸有成竹，就像保罗·特加特说的那样："我的比赛战术是，开始不要太快，我需要一个稳定的节奏和速度，半程的成绩大概在63分钟左右。这是我训练中一直追求的速度，我真的期待这样的结果。根据我在跑马拉松赛时的经验，开始比赛时速度不宜过快，否则你肯定会在后半段比赛中付出代价。在前半段还是跑得保守些为好，然后在后半程努力加速。所以，我决定在后半程跑出61分左右的成绩，希望在最后阶段尽可能跑快些。"

2003年9月28日，在德国柏林的马拉松赛上，34岁高龄的保罗·特加特一鸣惊人，以2小时4分55秒的优异成绩打破了男子马拉松赛世界纪录，成为历史上第一位闯入2小时5分大关的运动员。而事实上，从1995年到2003年期间，保罗·特加特用了整整8年时间才达到自己职业生涯的巅峰。

8年在人生的长河里也许并不算长，但足以让很多人放弃自己的梦想，放弃很多梦寐以求的东西。如果你能像保罗·特加特一样用8年时间磨砺自己，即使你不能达到他那样的高度，也会在自己的世界里做出一点儿成绩来的。

生活中，没有任何一个人的人生没有波折，相反，很多时候我们都要承受来自四面八方的压力。上天虽然不会因为你是谁就对你格外开恩，但它会因为你的态度而对你手下留情。所以，只要你足够自信，你身上的光环就足以照亮你的前程。

当上天故意将诸多不公放在你身上时，你反倒应该庆幸，因为你之前的努力已经成功吸引了上天的注意，这也许正是考验你的最后一道关卡。请记住，如果你想拥有不一样的人生，有些苦难是你必须要经历的。你想攀登高山，就不可能一马平川，但每爬一步都能看到远处的风景，这就像我们小时候所经历的换牙的痛苦，最终是为了成长，为了变得更美好。

当然，很多时候我们不得不承认苦难会毁了一个人，那些在重压之下，选择逃避或者不敢相信自己，情愿依附别人的人，注定不可能得到真正的满足。他们在世上走了一遭，却没有留下一点儿印迹。苦难可以让一个人成熟起来，只要我们选择相信自己，那么我们经历过的或者即将经历的苦难都将是宝贵的财富。

澳大利亚著名演说家尼克·胡哲天生残疾，他出生时没有双臂，也没有双腿，在臀部下面只有两个脚趾头。他是家里的长子，原本他的父母是高高兴兴盼望他出生的，可见他长成这样，一家子的气氛瞬间降到了冰点。

小时候，他没有朋友，邻居的孩子都说他是怪物，没有人愿意和他玩耍。有时，即便他躲在自己家门口看别人玩耍，也会受到别人的欺负。他曾多次试图自杀，每次都声嘶力竭地大喊："让我死吧！让我死吧！我活着也是个累赘！"这时，他父母的心就像是被针扎了一样。母亲哭着抱住他说："你不能死，你要好好活下去。你要用你的方式打败那些欺负你的人。"慢慢地，他懂得要想赢得别人的尊重，就必须强大自己。他开始积极面对命运给予他的一切，不再自卑，也不再逃避。

有一天，一个小男孩又来欺负他，这次他用头部狠狠地回击了这个小男孩儿。从此，那些淘气的孩子再也不敢欺负他了。从那以后，他的性格开朗了很多，也不再把自己关起来，并非常渴望见识外面的世界。

他喜欢游泳，于是父亲就把他带到游泳池。因为身体没有办法平衡，很长时间以来他都需要借助别人的帮助才能在水里游动。经过长时间的练习，他后来终于学会了游泳。后来他又想学电脑，父亲便教他打字，他就用身上仅有的两个脚趾头艰难地练习。整整半年时间，他终于把打字速度练习到每分钟43个音节。

他还利用空闲时间学习机械制造的相关知识，并天才般地创造了一些特殊的装置，使得自己刷牙、梳头、洗脸、做饭都能够不借助别人的力量就能完成。此外，虽然他是个残疾人，却非常热衷于各项运动，如潜水、冲浪、高台跳水、开水上摩托艇、踢足球、打高尔夫球等。

上中学时，为了竞选学生会主席，他开始练习演讲，并从中发现了新的乐趣，于是他立志要成为一名真正的演说家。如今，他的"足迹"遍布全世界，他先后在亚洲、非洲和美洲等二十多个国家和地区做巡回演讲，他的事迹不仅鼓舞了很多残疾人，而且赢得了全世界的尊重。

我们应该都知道，大多数时候我们都身处苦难，但有的人成功，有的人则一败涂地，关键因素在于我们对待苦难的态度不一样。有的人失败了，因为他们承受不住苦难的煎熬，他们认为一帆风顺才是人生的常态；而有的人从一开始就知道生活并不尽如人意，只有具备战胜困难的勇气和能力，才能一步步攀上高峰。

我们都是平凡人，盼望通过魔法就能呼风唤雨显然是不可能的。面对苦难，唯有坚定前行，才会离梦想越来越近。

敢过不一样的人生

跑步已经让我了解到，它会以各种神奇的方式持续不断地安慰、医治和挑战我。我不是一个"好的跑者"，因为我就是我；我是一个"好的自己"，因为我是一名跑者。

——克里斯汀·阿姆斯特朗

法国有一个小男孩，他非常喜欢玩具，在七岁的某一天，他突发奇想，要创办一个专门提供玩具信息的网站。对于他的这个创意，父母非常支持，但他们只同意在技术方面给他提供必要的帮助，其他的必须由他自己去办。经历了诸多困难，网站最后还是创办了起来。但当时，没有一家互联网公司把他放在眼里，市场上也没有同类的公司和他竞争，所有的企业老板都一致认为，那个网站只不过是一个孩子的游戏，很难有大的作为。

谁知，随着时间的推移，网站迅速吸引了很多人的关注，引起了极大的社会反响，而小男孩则在他十岁生日时成了法国最年轻的百万富翁。

被社会打磨过的我们有时候思维真的不如一个孩子。在孩子眼里，没有可能与不可能，只要喜欢便会想办法去做，不会有太多的顾虑。而那些成年人，即便有很好的创意，也往往会在实施之前关注时间成本、金钱成本等看似有用，其实不知所云的概念，然后在瞻前顾后、左顾右盼中选择放弃。

然而，不知道你有没有注意到，通常我们认为的不可能，并不是事情本身的不可能，只是我们缺乏实现它的勇气，而强硬地把它们划入到不可能的范畴。

陈盆滨便是一个把不可能变为可能的人，他出生于浙江台州的玉环县，13岁辍学后便跟着父亲当上了渔民。

由于常年出海打鱼，陈盆滨的耐力非常好。2000年，在乡团委组织的春节群众趣味比赛上，22岁的他报名参加俯卧撑项目，结果一口气做了438个，拿到了600元奖金。这次经历加之对渔民生活的厌倦，让他觉得自己应该换一种活法。

之后，陈盆滨参加了中国电视吉尼斯扛5加仑（20公斤）太空水距离持久赛，并获得冠军。通过这次比赛，他不仅得到了丰厚的奖金，还获得了心理上的满足，最重要的是，以前他从来没注意到自己竟然有这么持久的耐力和惊人的体力，于是他决定改变自己的人生方向——做一名超级耐力跑运动员。对于这种想法，周围的人都觉得他是痴人说梦，就连家里人也非常不理解。因为家里刚刚换了新渔船，正需要他这样的劳力。但他把别人的嘲笑当作动力，发誓一定要闯出一条路来。

2002年，他第一次参加马拉松比赛。因为没有专业设备，他穿着皮鞋用时3小时09分跑完了全程。这份优异的成绩更加坚定了他的信心。

在朋友的"怂恿"下，从2003年开始，他从以前没有重点的比赛转向难度更高、情况更加复杂的山地户外挑战赛、铁人赛和耐力赛。之后，他参加了嘉峪关亚洲铁人三项锦标赛、中国超级铁人三项赛和首届中国舟山群岛·普陀海岛户外赛，在这三项比赛中他都取得了很好的名次。2009年，他又先后在各种户外耐力赛上拿了26个冠军。

征服了国内大多数比赛之后，陈盆滨把眼光放在了国际比赛上。从2010年起，他开始挑战七大洲超级耐力跑，对于这个项目，此前没有任何一个中国运动员做到过。

2010年6月，他选择将新疆戈壁滩作为这次挑战的开端。在这项比赛的第一天，因为吃了一块包装上没有标识热量的牛肉干，他被扣罚了80分钟。沙漠环境异常复杂，再加上他没有经验，到了比赛的第四天，当距离赛段终点还有5千米时，他因为脱水而虚脱，晕倒在沙丘上。在这种情况下，他并没有放弃，反而越战越勇，经过一天的休整，他在长达99千米的第五赛段获得了冠军，并最终获得总成绩第三名的好成绩。

在完成众多比赛以后，他决定挑战世界上最冰冷极限的南极极限马拉松。2014年11月22日，赛事如约举行，因为极地恶劣的环境，最终站在起跑线上的只有6名选手，而他经过13小时57分46秒的拼搏，笑到了最后。这个成绩不仅使他成为全世界第一个完成七大洲极限马拉松大满贯的人，而且也使他成为中国第一个赢得国际性极限马拉松的人。

很多人都认为，能够完成平常人难以想象的超长距离跑步，陈盆滨一定有着过人的天赋。不可否认，做任何事情都是需要天赋的，但光靠天赋注定一事无成，上天给了你天赋，你必须充分发挥它才能取得相应的成绩。就像陈盆滨自己说的那样："现在想想，以前打鱼吃苦的日子对现在非常重要。我从来没有因为累而想过放弃，几百千米的奔跑中，要靠强大的意志力才能坚持到终点。我的美国医生告诉我：面对困难时，干掉它，你就成功了。"这也许就是他能坚持下来的原因，纵然千难万险，也绝不退缩，任何看似不可能的事情，只要你坚持到底，都会成为可能。

大多数人看到别人成功时，都会感慨羡慕，觉得这是上天对他们的眷顾，而自己只能默默地躲在某个角落，忍受着平庸、失败以及无人问津。这其实都是我们自身的原因，在与生活的斗争中，我们从来不敢对自己负责到底，从来不去好好思考自己到底想要什么样的人生，最终一无所成。

如果你现在还未对生活彻底臣服，还有勇气去追求不一样的人生，那就为自己设定一个目标吧。也许现在看来，它遥远得如同烟火散去的迷梦，但请坚持下去。即使最后依旧没有达到我们的预期，至少我们坚持了，这足以让我们无愧自己的人生。

有压力时更要有动力

跑步如人生，只要你不断努力，就没有失败一说！

——安比·波弗特

生活中，很多事情是我们无法选择的，比如肤色、出身等。这些因素可能会影响别人对我们的判断，为此，我们感到极大的压力和困扰。

可是，生活在这个世界上的人，谁没有压力和困扰呢，而且越是成功的人，他的压力就会越大。压力其实并不可怕，只要我们能够客观对待它，它往往能给我们带来积极的影响。你要相信，压力能让我们在最困难的时刻发现自己的潜能，强大自己的内心。

20世纪80年代之前，NBA一直都是黑人的天下，张伯伦、拉塞尔、摩西·马龙、埃尔文·海耶斯、贾巴尔……这一连串名字向人们证明了白人运动员不可能在竞争激烈的 NBA 赛场上找到自己的位置，即便找到了也只能默默无闻，做个配角。但有一个白人大个子硬是在这高手如林的球场上趟出了一条自己的路，这个人就是"大鸟"伯德。

抛开伯德史上最伟大篮球运动员之一这个身份不谈，他还是一个不折不扣的跑步者，甚至可以说，正是因为跑步，他才得以在篮球生涯里走得那么远，那么从容。

众所周知，在篮球运动中，身体受伤的风险时时都可能发生，而相对于黑人那种强悍的身体素质，白人在这方面的确有着先天的不足，这也是大多数白人运动员没办法在这一领域取得优异成绩的原因。

拉里·伯德作为地地道道的白人，当然也存在这样的问题。而事实也是，在 12 年的职业生涯中，他的身体多处受伤。在职业生涯的最后 4 年，他正是因为受到严重的背部伤病困扰，才被迫选择了退役。然而，要不是因为坚持跑步，他也许就和其他的白人运动员一样，根本坚持不了这么长时间，更不可能取得辉煌的成绩。

在他还很小的时候，篮球运动并不像现在这样受到很多的人喜欢。他周围的小伙伴不是学习橄榄球，就是选择跑步。因为身体素质不是特别好，所以他没有学习橄榄球，而是选择了越野跑。作为越野跑队中最另类的队员，他不喜欢参加比赛，跑的时候也只是按照自己的节奏进行，不愿意受到别人的约束。如果教练布置4千米的跑步任务，他往往会在冲过终点之后继续跑上一会儿。对于他这种举动，队友们很不理解，他却乐在其中，因为只有他自己知道，跑4千米并没能让他尽兴。按照自己的节奏多跑一会儿，则是他对自己的额外奖励，这个过程才真正属于他。

上中学的时候，他开始接触篮球。每次训练之前，为了防止因准备动作不充分而导致受伤，教练会要求所有队员绕着球场跑上几圈。可这种跑步方式让他感受不到运动的乐趣，所以每当这个时候，他就主动和教练申请到学校的操场上跑几圈。他享受那种风吹过脸庞，能够自由呼吸的感觉，这种感觉甚至和赢得一场篮球比赛一样让他兴奋。

通过系统的篮球训练，他在篮球选秀中一路走高。可是在这个过程中，他起初并没有得到相应的尊重，很多球探和球队高层都不相信这个有点儿虚胖，看着毫无对抗能力的白人小伙子能打出什么名堂来。所以，尽管他具备成为正式球员的实力，最后却尴尬地落到了第六位，这还是波士顿凯尔特人队总经理"红衣主教"奥尔巴赫冒着极大的风险才做出的决定。

顺利进入联盟，同时意味着他必须付出比以前更多的努力才能站稳脚跟。这一点，他一直都清楚，所以除了俱乐部教练安排的常规训练，他依旧把跑步作为非常重要的训练方式，带入到自己的比赛和生活中。

他每天的训练几乎都是程式化的。那时候，他家离训练馆大约有3千米的距离，但他感觉这段路程太近，因此每天早晨他都会故意多绕几条街道，才跑到训练馆。一般他到达场地的时候，其他人都还没到，这时候他就独自在场馆里练习往返跑。长期跑步带给他的好处是，每场比赛他都会在球场上来回奔跑，好像永不疲倦一样，即便是下场休息也一样。

在休赛期的时候，为了保持良好的状态，他依旧像以前那样锻炼，早晨跑步去3千米之外的健身房，训练结束后，又去附近的湖边跑个几千米，然后才回家。这样的训练保证了他一直处于良好状态中，即便在篮球生涯后期也同样如此。

职业生涯后期，他的膝盖并没有因为跑步太多而受到严重伤害，真正严重的是他的背伤，甚至严重到几乎有瘫痪在床的危险。为了治疗，医生建议他采取水下治疗的方式，即在水下跑步机上锻炼，每周四次，每次48分钟，速度维持在10千米每小时。这种锻炼方式非常有效，不仅治愈了他的背伤，而且延长了他的职业生涯。

教练曾反复问他为什么一直坚持跑步，他回答说："我也不知道为什么，我猜可能是我无事可做吧。"这当然是句玩笑话，可事实也是如此，热爱跑步哪需要那么多理由呢。

成功从来不会平白无故就降到你头上，相反，坎坷和磨难才是成功的必备条件。每一个压力都是我们成长的动力，我们只有不断成长才能活得更好，才能在社会中占据主动。

善待你的压力吧，它并不是你前进路上的绊脚石，它更应该是你的后盾，是你一直走下去的支撑。人生的意义不就在于和无数个困难做斗争吗？顺境也好，逆境也罢，胜利只会属于那些踩着压力前进的人。

奔跑吧，世界会为你让路

不怕苦，不怕累，伤病也打不倒我，我依然坚持，我希望能跑出点儿成绩来。

——任耀

"如果上帝没有给你想要的东西，那么他一定是在给你准备更好的。在这之前，请耐心等待。"这是我非常喜欢的一句话，生活中，大部分人都对自己目前所处的状态非常不满。他们总是感慨命运对自己不公，被自己心里的痛苦击败，想改变当下的自己，却不知从何下手……在这种情况下，恶浪、暗礁和风暴会随时埋伏在他们人生的航程中，而坎坷、挫折与失败也会接踵而至。

往前看，日子像稠密的树叶一样堆叠，让人十分疲累；往后看，许多令人懊悔的记忆让人有如窒息一般；环顾左右，朋友们过着安稳富贵的生活，再看看自己，还是有无数的烦心事挥之不去。

如果任由这种对当下不满的情绪发展，我们站在人生的十字路口便会感到犹豫彷徨。当生活之路崎岖坎坷时，便感到孤独、无助和迷惘。而生活并不相信眼泪，所以，与其在这个并不满意的当下感到痛苦，不如尽自己的全力，将当下的生活过得精彩。而这一切，只需要你相信，一切都是最好的安排。

任耀是个年轻的小伙子，出生于1988年，来自安徽，8岁时因电击事故失去双臂。然而，肢体的缺陷并没有阻挡他对体育的热爱和对生活的向往。为了改变家境，同时也为了改变自己的命运，他从小就开始练习跑步。对残疾人运动员来说，其中的艰辛可想而知。他曾摔过多少跟头，受过多少伤，没有人能说得清楚。但是他从来都没有绝望，即便到了最艰难的时刻，想着只要跑起来就能拿到属于自己的奖牌，他就会坚持不懈地跑下去。就这样，十年如一日，他将上万千米的路程踩在了脚下。

多年的努力终于有了回报。在2006年北京国际马拉松大赛上，任耀身为25000名运动员中唯一的残疾人，夺得第111名，用时2小时49分12秒。2010年，在郑州举行的国际马拉松赛上，任耀获得第24名，用时2小时39分53秒。在第八届全国残疾人运动会上，任耀轻松获得男子1500米、5000米和800米比赛三枚金牌。

"不怕苦，不怕累，伤病也打不倒我，我依然坚持，我希望能跑出点儿成绩来。"面对记者的采访时任耀这样说。

任耀的故事告诉我们：当下，只有确定一个方向努力奔跑，这个世界才会为你让路。

有这样一个画家，因为穷困潦倒，只能住在一个破旧仓库里。在最无助的日子里，没有亲人在身边，没有朋友的陪伴，却有一只小老鼠，天天跑来捡他掉落在地上的面包屑。时间久了，他也会将自己本就不多的面包分给小老鼠。小老鼠知道画家对自己没有恶意之后，便常常跑到画家的画板上与他玩耍。终于，潦倒的画家觅得一份工作，设计与动物有关的卡通片，但是因为需要真实，画家无论如何也没有灵感。

正在他一筹莫展时，他想起了曾经与自己相伴的小老鼠，于是，一组以老鼠为原型的卡通片问世了，它就是风靡全球的米老鼠，而这位画家，就是极负盛名的沃特·迪士尼先生。

其实，当下生活中的每一场际遇都有它存在的意义，只是时间早晚的问题。但是，有多少人能像任耀和迪士尼一样，认识到了生命中某个曾经的当下其实是命运的馈赠呢？恐怕少之又少。

若是你对生活恶语相向，那么生活自然不会对你报以微笑；相反，你若是像迪士尼先生一样，对失意时遇到的一只小老鼠也抱以善意地对待，那么这只小老鼠便会给予你丰厚的回报。

我曾经看过一部音乐剧，是由杰罗米·凯恩主演的。主角安迪船长说了一段富于哲理的话："最幸运的人，是那些可以按自己的意愿做事的人。"之所以这样说，是因为他们有更充沛的体力，更愉悦的心情，同样，也拥有较少的忧虑和疲劳。同样的，兴趣所在才是能力所及。如果让你选择陪爱人参加一个无聊的宴会，或者陪着爱人走3千米路，我想你更愿意选择后者。

事实上，一个人能不能过好当下的生活，能不能感受到当下生活的快乐，能不能及时对当下的不满做出改变和调整，这是关系到一个人生活品质高低的重大事情。

有的人活了一辈子，却没有真正活过一秒钟，因为他们不是沉湎于过去不能自拔，就是把所有的期望都寄予未来，而对每一个当下，不是抱怨便是虚度。而有的人，沉沦也好，迷失也罢，却不会丧失内在，以及对当下的自省。我们可以失去，我们可以存有瑕疵，但我们决不能让自己消沉。

在这个变化迅猛的时代，你唯一能把握的就是过好当下的生活，努力去追逐自己心中的梦想，在实现梦想的过程中不断成长，变成最好的自己。当你功成名就时，就可以微笑着对曾经的自己说："嗨，谢谢你，曾经不放弃的你，才有了今天的我。"

生活不可能既在别处，又在当下，否则既误导了未来，也打搅了现在。从当下开始，让我们理智地面对现实，挽救那因不曾察觉而犯下的过失。

生活中的很多事情，都存在着相互对立统一的两面，我们应该看到它们的另一面，凡事往好处想，朝着乐观的方向走。

PART 4

没有翅膀，所以努力奔跑

为 什 么 坚 持 跑 步 的 都 是 大 佬

原谅生命的不完美

不要给自己设定界限。很多人为自己设限，做他们认为他们能做的事情。其实，你的内心有多大，你的世界就有多大。人要心想才能事成！

——玫琳凯·艾施

每个人的心里，都有一个完美世界的模样。在这个世界里，拥有一切善意的恩典，真诚朴素的情感和雍容锦绣的流年。而在大多数人的眼里，现实世界的模样却是狼藉不堪的，存在很多缺憾和不足。因此，我们总是感到深深的不安。

可你不知道，在那个你讨厌甚至躲避的现实世界里，正是因为那些不完美，才烘托出了很多的幸运与美好。

阿甘是电影《阿甘正传》的主人公。这部由汤姆·汉克斯主演的励志电影一经上映，就引起了极大的轰动。身为一个智商只有75的低能儿，阿甘一直都奔跑在路上。

阿甘刚上学时，为了不被同学们欺负，他听了珍妮（《阿甘正传》女主角）的话，开始不断地奔跑。上了中学以后，有一次为了躲避别人的欺负，他闯进了学校的橄榄球场，意外地被破格录取，随后上了大学。在大学校园里，他因跑得快而成了橄榄球巨星，并得到了肯尼迪总统的接见。大学毕业以后，他应征入伍参加了美越战争。战争结束后，他又得到了约翰逊总统的接见。在"说到就要做到"这一信条的指引下，他最终通过捕虾成为百万富翁。虽然经历了很多艰辛，但他总保持着纯朴善良的品格和积极乐观的生活态度。

亲爱的朋友们，这是一个不完美的世界，但是我们可以像阿甘一样尽力修炼出一种完美的生活态度。请你以一颗感恩和包容的心，去爱这个世界的不完美，用心领会你已经获得的成功，感恩生活给予你的喜怒哀乐。

纽约曾有一位女中学生因为抑郁症而自杀，她把割破了腕动脉的手泡在温水的浴缸里，浴缸里的水都被染红了。

她的同学发现她的遗书时，她已经被送往医院抢救了，遗书上只有一句话："这是一个面目可憎的世界，不要为我的离开而难过，我只是去寻找天堂了。"她的家人、亲友、老师和同学在医院抢救室外抱头痛哭。

她是一个心地善良、爱做梦、爱幻想的女孩，她很漂亮，身边总有许多男生围着她转。她过着众星捧月般的生活，却从不骄纵。唯有一点，她太过追求完美，眼里容不下沙子。比如，某位同学偷过东西，她便不再与这位同学来往；某位追求者吻过别的女生，她便无法接受他，尽管她也很喜欢他。

随着年龄的增长，女孩发现这个世界与她心中所想的差别太大，大到她无法跨过那条巨大的沟壑。她慢慢地变得自闭，甚至连续几个月都不说一句话。后来，她的心理问题慢慢延伸到生理上，不是失眠，就是做噩梦。这又加剧了她的抑郁，恶性循环之下，终于酿成了悲剧。

事实上，她拥有那么多别人梦寐以求的东西：美丽的容貌，骄人的成绩，爱她的家人与朋友。可惜，她总是将注意力集中在那些不完美的事物上。

这个世界并不是完美的。面对现实，唯一能让自己获得幸福的方法，就是安享当下。因为当你获得了一种满足之后，还想要更多的满足。

世界上永远没有十全十美的事物，更没有十全十美的人。只要是人，必定有不足；只要是物，必定有瑕疵。真正的完美，是尽量去忽略那些不完美。真正能让人觉得幸福的事，是忘却过去的痛苦，忽略那些无法改变的东西，安享活在当下的快乐。

白万里老人是我国著名的铁人三项选手，被很多人称为"亚洲独臂铁人"。这位现年已64岁的老人一直都在奔跑，并将自己的一生奉献给铁人三项。

1973年，22岁的他在干农活时，一不留神被打稻机割掉了右臂，他当即昏死过去。6个小时后，他被抢救过来。医生说："要不是因为他一直坚持冬泳，身体素质比一般人好，估计很难醒过来。"

他醒过来之后，整个人的状态非常差。在很长一段时间里，他都自暴自弃，甚至还想过自杀。这时，已经不再年轻的父亲语重心长地对他说："留得青山在，不愁没柴烧。人啊，身体最重要，身体是最好的本钱。"父亲一直都是他的榜样，正是因为受到父亲的影响，他才坚持冬泳。看着日渐苍老的父亲，他知道只有振作起来才能走好接下来的路，才能更好地生活下去。

他喜欢游泳，在少了一只右臂以后，他依旧相信自己可以很好地完成这项运动。没有专业的游泳场馆，他只能在附近的河里练习。刚开始，他没有办法保持身体的平衡，以前掌握的游泳技巧也根本起不到任何作用。他只能强迫自己在水里扑腾，不知道喝了多少次河水之后，他终于重新学会了游泳。

这之后，他继续挑战自己。他给自己定了一个几乎不可能完成的目标——全能三项，包括游泳、骑车和跑步三个项目。

父亲非常支持他的想法，主动当起了他的教练。学会了游泳以后，接下来便是学习骑自行车。他和父亲在离家不远的一块空地上练习。为了让他保持平衡，他在前面骑，父亲在后面扶着，等到他平衡之后，再放开手。可是每次骑不了多长时间，他就会摔倒。摔倒了，爬起来，掸掸身上的尘土，再骑。看到儿子摔得全身都是伤，父亲怎能不心疼，可父亲从来都不表现出来。最后他以摔掉了三颗牙齿的代价学会了骑自行车。

跑步也许是这三项技能中最简单的了，可是对于他来说，同样不容易。刚开始，他有点儿急功近利，总觉得跑步对他来说肯定不是问题，跑起来之后才发现并不是那么回事，不是跑偏了，就是跑得太快摔跟头。最后，经过一段时间的训练，他不但逐渐找到了自己跑步的节奏，而且能够根据状况调整并加快速度。后来，他顺利完成了国内全能三项比赛，共荣获了铁人精神奖杯和铁人奖牌。

在一次记者采访中，白万里说："参加铁人三项运动是表达快乐的需要，是体现生命价值的需要！铁人三项运动不仅是竞技的表现，更是情感的寄托，是对健康、快乐和自然的崇尚。虽然铁人三项运动让人又累又脏，但体现的是健康和快乐。"

每一个人都是一条河，从各自的生命中流过，匆匆而来，又匆匆而去，谁也留不住谁，但那些交汇的日子里迸发的光彩和触动，将在记忆的相框里静静地珍藏着，所有的人、事、物、景都淡入了心灵深处。而你记得什么，忘记什么，珍惜什么，挥霍什么，全凭你自己的选择。关键，你是以什么样的眼光看待这个世界的。

接纳这个世界的不完美吧，当它是美玉里的瑕疵，当它是维纳斯失去的一只手臂，当它是蚌壳里的沙子，当它是流水里一块激起水花的石子，当它是晴空里的一朵乌云。终有一天，当你将视线从那些不完美的东西上移开时，你会发现，世界依然美好。

每天进步一点点

我相信跑马拉松不只是关乎体育成绩，关键在于意志，一种表明一切皆有可能的意志。

——约翰·汉克

如果你是一名篮球运动爱好者或是经常观看篮球直播比赛，你肯定认识著名篮球主持人于嘉。而如果你足够仔细，你会发现近几年他的身体状态和精神状态比以前好了很多。让他有如此改变的主要原因是他喜欢上了跑步，他还将跑步的理念通过各种形式传递给了身边的朋友。

大学时代的于嘉非常清瘦，长得很精神，他热爱运动，特别是篮球。参加工作之后，他经常黑白颠倒，生活作息极不规律，身体开始渐渐发福，精神状态也变得极差，每天下班回家后就直接瘫倒在沙发上。

从2005年起，于嘉开始有意识地到健身房锻炼，在跑步机上跑步。可是条件限制太多，很不方便，往往不能行之有效地锻炼身体。而后来发生的一件事情，最终让他从跑步机上下来，从健身房里走了出来。

有一段时间，他母亲生病住院。他想打车去医院，可半天也等不到一辆，好不容易来了一辆又被别人抢去。他一气之下，就查了下地图，发现从家到医院大约6千米，这是他在大学里轻而易举就能跑完的距离，于是他决定跑步过去。

这次经历使他发现了不同的自己，母亲病愈出院后，他就在家附近的月坛公园跑步，每次都正5圈反5圈地跑，差不多有4千米。隔一两个月，适应了这个强度之后，他慢慢给自己加大强度，每天晚上都要正跑13圈后再反跑13圈，总计10.4千米。即使再忙，他也会每天跑上一阵，就连前往美国解说NBA总决赛，他也没有中断过跑步锻炼。

2011年，因为对马拉松比赛不甚了解，他在朋友面前闹了个笑话，促使他开始研究马拉松比赛，并暗下决心一定要亲自参加一次。2012年，经过近一年的锻炼，他以北京马拉松比赛为起点，先后参加了4次国内、2次国外的马拉松比赛。第一次参加北京马拉松比赛时，他的成绩是4小时36分27秒，一年后参加上海马拉松比赛，他已经把成绩提高到3小时19分54秒了。在朋友面前，他经常说这一切都源于自己的虚荣心，可谁都知道，他之所以能提高得那么快，完全是因为他坚持不懈地努力——没放过任何一个，哪怕一丁点儿进步的机会。

如果你渴望成功，却不知道从何处着手，那么我告诉你一个最简单的办法：每天进步一点点，长期积累下来，总有一天它会发出巨大的能量，让你自己都感觉不可思议。每天多学习一点儿，多付出一点儿，这样一来最起码你的明天会比今天更好。

鲁迅先生说："哪里有天才，我是把别人喝咖啡的工夫都用在工作上的。"

可见，即便有天才，那也是在每天逐渐积累中成长起来的。也许我们每天的进步都很小，但确定的是我们每天都在进步，慢慢来，我们总能看到前进的步伐。

你说你是忙碌的业务员，不是出差就是在出差的路上，只能领着一份刚刚够生活的薪水，但如果你今天比昨天多签一个单子，就会比上个月进步很多。你说你是忙碌的程序员，别人都入睡了，你还要与各种程序大战三百回合，可当你解决了一个技术难题或程序错误的时候，你本身就比很多人得到了更多。

任何积累都是一个时间的过程，都需要一个漫长的岁月才能见到效果。既然我们决定坚持，那就应该不问前程，纵使前面荆棘遍野，沟壑纵横，也要勇往直前。每个人都有惰性，这也是为什么只有很少一部分人才能成功的原因。战胜这种惰性，每天进步一点点，你就能将别人甩在身后，就能拉开与别人之间的距离。

无论你想做什么事，无论你想改变什么，你都要清楚任何事情都不可能一蹴而就，都需要一步一个脚印慢慢来。你要做的就是沉下心来，一点一滴为自己创造出一个精彩的未来。哪怕你今天仅仅比昨天多学习一个单词，多背诵一段文字，谁又能知道在不久的将来，你会发生什么样的变化呢?

有一句话说得好：想要成就伟大的目标，你需要的是计划以及不太够的时间。任何事情都是需要积累的，财富、能力都需要我们在平时的工作中积累。懂得不断积累自己的人，才知道怎么去探索未知的成功。

只要我们在路上，哪怕每天只能跑几千米，我们距离终点就会近几千米。每天都比昨天进步一点儿，这正是改变的意义。

你独一无二且非同一般

跑步是我所擅长的，我也为其付出了巨大努力。

——保拉·拉德克利夫

曾经有一位学者说过这样一句话："无论是过去、现在还是将来，没有两个人的人生境遇是相同的，每个人各有与众不同的人生境遇。"的确，每个人的人生境遇都是独一无二的。虽然人体的构造因素基本一致，但奇妙的是，每个人的生命却独具一格，毫不雷同。

如果我们想要走向成熟，最基本的条件就是必须明白并接受这个事实，因为这是我们与他人沟通的桥梁。除非我们认同他人是一个完全独立的个体，正如我们本身一样，不然我们就无法与他人建立起有意义的关系。

保拉·拉德克利夫被认为是当今英国最伟大的女运动员之一。她天生患有先天性哮喘病，在医生的建议下，7岁时就开始练习长跑配合治疗。后来她又被查出患有贫血症，这成为她跑步的障碍，可她并不在意，反而更加勤奋地练习。

第一次参加大型长跑比赛时，拉德克利夫的成绩很不理想——600名女参赛选手中，她只跑到了第299名。这是个让人非常失望的成绩，这次比赛让她备受打击，可是她有着一颗不服输的心。不甘心的她第二年继续参加了这项赛事，并最终获得了第四名。这是她成功的起点，而真正让她声名鹊起的是6年后的一场比赛，也就是波士顿世界越野锦标赛，她击败了当时著名的长跑运动员王军霞，夺得了青年组的冠军。从此，她的时代正式开启了。

在女子马拉松史上，任何想要有所突破的人都要问问拉德克利夫答不答应，因为前三个最好的成绩都是由她创造的，而排名第四的成绩要比她慢上3分钟。

2003年伦敦马拉松比赛中，拉德克利夫创造的女子马拉松世界纪录更是无人能破，按照目前情况来看，这个成绩还会继续保持很多年。在伦敦这块土地上，拉德克利夫接连三次斩获马拉松冠军。她也因此被英国皇室授予英帝国员佐勋章，同时被列入英格兰田径名人堂。此外，拉德克利夫还是三届纽约马拉松赛和一届芝加哥马拉松赛的冠军。

当然，这并不算她最吸引人的地方，在马拉松王国里真正让她获得至高无上地位的，是数次高调复出和让人惊讶的带伤参赛经历。

2007年6月，拉德克利夫宣布退役，接着怀孕生子。令人吃惊的是，产后仅仅12天，她便开始了恢复训练。孩子还不到5个月，33岁的拉德克利夫在美国纽约马拉松比赛上赢得了复出后的第一个冠军。为此，她还获得了当年世界体育劳伦斯最佳复出奖。

2008年，北京奥运会前3个月，她在一次比赛中意外大腿骨折。按照伤病预期，她根本没有办法参加北京奥运会，然而尚未痊愈的她却坚持走上了北京奥运会马拉松比赛的赛场。刚开始她还能坚持，到最后10千米处，她开始掉队，大腿的不适让她一度停止了奔跑，只能用慢走代替跑步。正当人们都觉得她会选择中途退赛时，拉德克利夫又重新启动。尽管身体处于极度痛苦中，但她仍然坚持到了最后。虽然没有得到好名次，可当她冲进鸟巢时，全场的观众都站起来为她欢呼。这作为拉德克利夫马拉松生涯中最为特别的奖牌和勋章，被写进了她的自传《我至今为止的故事》里。

跑步的人都是孤独的，即便周围都是加油声，你能听到的也只是自己的呼吸声。跑步不是为了争夺第一，而是为了在这个孤独的旅途中与自己温暖相拥，与梦想紧紧靠拢。跑步的人都是孤独的，而跑步本身并不孤独，一路上即便没有鲜花，没有掌声，也有我们自己的心灵作陪，这是我们对自己最大的感恩。

在人生的旅程中，我们要不断开辟属于自己的路，做最真实的自己。那么，我们怎样才能做最真实的自己？怎样才能清醒地认识到自己的独特个性？怎样才能使自己变得成熟？下面是几个建议：

首先，每天抽出一定的时间独处，静静地进行反思。

现代社会生活节奏快，充满忙碌和紧张，以至于我们无暇进行反思。我们一定要想方设法抽出时间来了解自己、剖析自己。

不过，不同的人有不同的独处方式。我的一位朋友说，他喜欢找一条熙熙攘攘的街道，一面散步，一面冥思。他告诉我："凭借这种方法，我可以进入忘我的境界，想通很多难以解决的问题。"

我自己则喜欢投身于大自然中。我没有充足的时间出去散步或从事户外活动，不过我可以时常到楼下的花园走一走，甚至只是坐在窗边，时不时眺望蓝天和绿树，就可以让心灵得到极好的休憩。当然，有些人也许只喜欢待在静室中，或者采用与世隔绝的方式进行反思。

总之，每天给自己留一点儿空闲时间，不受外界干扰，这样才能充分体验自己的内心世界、生活方式以及其他种种行为。独处静修的方式，得到了历史上许多伟大的哲学家、思想家的肯定，如笛卡尔、蒙田等都曾从中获益。

第二种回归自我的方式，是打破习惯的束缚。

我们常常身陷习惯的枷锁或习以为常的无聊事件中而无所察觉，除非我们具有强大的毅力才能将之破除。不妨想一下，有多少人每天都在重复着相同的行为，生命因此变得疲倦、枯燥并失去创新能力。

第三种回归自我的方式，是寻找生活中最能让我们心满意足的事物。

1878年，心理学家威廉·詹姆斯在写给妻子的一封信中提到了这个问题。他在信中写道："我认为，要想检验一个人的品格，就应该让他的精神状态发挥得淋漓尽致，尤其是在某些特别事件中，让他表现出最真实、最活跃的生命来。这时，他的内心深处会油然发出呐喊：'这才是真我！'"

也就是说，高涨的情绪会让我们呈现出真正面目，因为感受"最真实、最活跃的生命"是最令人兴奋的事。

也许，我们因某种思想而兴奋，因某个人或某件事而兴奋。但不管怎样，兴奋本身能使我们远离苦闷的情绪，摆脱习惯的束缚，从而将真实的自我表现出来。

人的个性可以通过某些行为表现出来。我们若想发掘自己的潜在价值，就必须破除许多人性的束缚，比如恐惧、迟疑、迷惘、怯懦等种种积习。这时，兴奋就如同火炬，将捆绑住我们真正面目的束缚烧掉，使我们的个性解放出来。

只有不断地进行自我发现、自我探寻，我们的心灵才会趋于成熟。我们想去了解别人，前提则是先了解自己。如果苏格拉底所说的"了解你自己"是智慧的开端，那么"你是独一无二的"则是现代人对这句格言的新诠释。

自信，是成功的第一要素

我不会轻易放弃。这就像当年人们对哥伦布说："你疯了，地球是平的，你的船将会掉下去……"如果哥伦布因为这些劝告而退缩，那么他永远也不会展开环球航行，也不可能发现地球是圆的。

——刘·凯苏·罗奎尼

爱默生说："自信是成功的第一秘诀。"但我想说自信是我们获得幸福的必备条件。人的一生，难免经历风霜雨雪，难免遇到崎岖坎坷，在这种时刻，我们首先必须战胜自己，以一颗勇敢的心去迎接挑战。因为只有自信的人，脸上才会绽开坚定的笑容；只有自信的人，才会散发优雅的力量。相信自己行，是一种信念。只要心中的信念没有萎缩，你的人生旅途就不会中断。

32岁的加拿大蒙特利尔市工程师，拥有四分之一华裔血统的约瑟夫·迈克·刘·凯苏·罗奎尼为自己制定了一个疯狂的计划：用18个月的时间赤脚徒步长跑1.9万千米，你知道1.9万千米有多长吗？它相当于450个马拉松。也就是说他将连续不断地跑450个马拉松。更让你感到不可思议的是，整个过程，他都将赤脚。想想从北美洲到南美洲一路上的复杂地形，还有多变的气候，就知道这是一个多么疯狂的想法了。

为了实现自己的计划，他在正式开跑的前几个月就开始在雪地里练习赤脚长跑。而为了减轻双脚的损害，他尽量避开人行道或者运动跑道。同时他还要求自己，在接下来的18个月里，每周至少要跑25小时。

在这次"赤脚穿越美洲"的长跑中，很多人认为凯苏将难以忍受双脚面临的考验。可更让凯苏难以忍受的是，旅途过程中的煎熬与孤独。因为在大多数时间里，他都需要独自一人去面对。

面对记者的采访，凯苏说："对于'赤脚穿越美洲'，我做好了充分的准备，虽然很难，可那又怎么样？如果我一直踟蹰不前，才是我人生最大的败笔。一路上，我会想方设法寻找各种食物，找到什么就吃什么，甚至有可能饿肚子，而晚上休息也只能尽量选择便宜的旅馆。当然，我也做好了露宿荒郊的准备。但我坚信，只要我有坚定的信念，就一定能够实现。"凯苏的梦想现在虽然还没有实现，但他坚定的信念和对未知旅程的自信值得我们每一个人学习。

海德莱恩夫人是一个开朗乐观的家庭主妇。有一天，海德莱恩夫人开车外出时，出意外翻进了深沟中。她的脊椎最初被误诊为已经摔断，但是在 X 光照片上却看不出脊椎折断的情况，不过能看清骨刺脱离了外面的附着物。

医生提出的治疗措施是：海德莱恩夫人至少需要卧床休息三个星期，并告诉她："夫人，你要做好充分的心理准备，你的脊椎已经严重硬化，也许在五年之后，你就不能动弹了。"

当时的情形，海德莱恩夫人现在回忆起来仍然历历在目："当时，我被吓得目瞪口呆，这简直太可怕了！虽然我一直都是个活泼开朗的人，一切困难我都无所畏惧，但是这个突如其来的打击实在是太残酷了。我的直觉告诉我，这个困难对我来说简直就是一座无法逾越的大山，勇气和斗志也随着我卧床的时间从三个星期向无限期延长而消失殆尽了。我的内心越来越害怕，意志软弱得像一团棉花。

"有一天早上，在神智十分清醒的情况下，我对自己说：'五年时间其实也很长，我还可以做许许多多的事情呢。如果积极配合医生的治疗，再加上我永不言弃的决心，我的病情一定能够有所改善。我不想当逃兵，不想未发射一颗子弹就缴械投降，我要竭尽一切努

力，勇敢地去战斗，像一个真正的斗士那样，一直向前。'

"这种信念和决心给我的身心注入了强大无比的力量。我要马上行动。软弱和恐惧已经被彻底打败！从我挣扎着爬下床那一刻起，一切都重新开始了，我的新生活又一次拉开了帷幕。

"大约在五年半以前，我重新照了 X 光，发现即使再过五年，我的脊椎也不会有什么问题。这大大出乎医生的意料，随后医生建议我要积极乐观，对生活充满兴趣，勇敢地活下去，而我也正是把这种念头坚持下来，才有了今天。我发誓：只要身上有一块肌肉还能活动，我就要继续生活下去，决不退缩。"

海德莱恩夫人的故事，是一个对我们具有启发性的实例。所以，当我们面对挫折、面对困难时千万不要慌，也不要乱，只要坚实地走好每一步该走的路就行了！

但很多人都习惯性地将失败的原因归咎于自己的能力、经验以及外界环境等因素，反而忽略了心理因素的影响。我并非不承认人的成功是受很多条件制约的，但我一直都认为，心理上的恐惧才是导致失败的最根本原因。具有恐惧心理的人，总是将所有的精力都放在如何避免失败上。诚然，注意避免失败的确对成功有着很重要的作用，然而恐惧却会让那些人将注意力放在害怕失败上，从而想尽办法考虑如何逃避困难。于是，他们不去考虑如何成功，而是在想如何躲避，因此失败也就成为必然。

所有的成功人士，我是说所有，没有一个例外，都对自己充满了信心。他们对自己的才能有信心，对事业、对追求充满信心。在他们眼里，失败只不过是成功路上的一块小石子或一条小水沟，他们相信自己一定能够迈过去。正是因为他们自信，所以他们无畏；正是因为他们无畏，所以他们才会成功。

相反，那些缺乏自信的人却无时无刻不在怀疑自己的能力，并且对已经面对的和前方未知的困难感到极度的恐惧。他们将自己塑造成一个失败的形象，总是给自己这样的心理暗示："我不可能战胜所遇到的困难，也不可能在挑战中获胜，因为很多条件都制约了我。"这些人往往具备两种特点：一种是绝对过分地高估现实中所面临的各种困难和阻碍，另一种则是绝对过分地贬低了自己的能力，放大了自己的缺点。于是，他们感到恐惧、自卑、消沉，最后选择退缩和逃避。慢慢地，他们会满足于这种逃避的生活，自我从主观上接受失败的后果。

由此可见，自信对于促进我们心灵的成熟和事业的成功都有着极为重要的意义。美国著名的心理学家唐波尔·帕兰特曾说过："人对成功的渴求就是创造和拥有财富的源泉。一个人一旦拥有了这种愿望，并且能够不断对自己进行心理暗示，从而用潜意识来激发出一种自信的话，那么这种信心就可以转化为一种非常积极的动力。事实上，正是这种动力促使人们释放出无穷的智慧和能量，从而帮助人们在各个方面取得成功。"

我非常同意他的观点，因为有人就曾经把这种自信心比喻为"人类心理建筑的工程师"。在现实生活中，如果人们能够将思考和自信结合起来，那么人类就会发挥出无限的激情。每一个成功者都拥有一颗成熟的心，而自信就是获得成熟心灵的首要条件。不管前面的路有多坎坷，也不管路上有多少困难，我们都能够不断地攀登成功的高峰。

自卑什么，人生不过如此

如果你刻苦训练，你将不仅仅强大无比，而且很难被击败。

——赫谢尔·沃克

很多人因为种种原因，如生理缺陷、家庭背景、经济状况、社会地位等，一度让自己变得自卑。这不仅让他们心情低落，而且限制了他们正常的人际交往。但我想说的是，天生我材必有用。如果我们拥有积极的观念，经常以表扬、赞赏的态度为人处世，久而久之就会习惯于发现事物积极的一面，找到自己身上的闪光点，进而满怀信心。

威尔玛·鲁道夫天生患有小儿麻痹症，从小就与别的孩子不太一样，看着别的小朋友都能欢快地奔跑玩耍，而她却连正常走路都吃力，为此她悲观自闭，不愿意与别人交流。随着年龄的增长，她的悲观自闭越来越严重，甚至拒绝其他人的好意，认为那全是虚伪的。可有个人却是例外，在她眼里，这位老人和她才是一个世界的人，因为这位老人在一次战争中失去了一条胳膊，也是一个非常不幸的人。与她不同的是，这位老人非常乐观，似乎什么事情都不放在心上，所以她非常乐意和这位老人待在一起。

一个午后，老人推着她来到一个幼儿园。孩子们在操场上唱歌，一首歌唱完之后，老人说："这些孩子唱得真好，我们来给他们鼓鼓掌吧！"

她吃惊地看着老人，问道："我的胳膊不听我的使唤，而你同样只有一只胳膊，我们怎么鼓掌啊？"老人笑了笑，昂起胸膛，然后用手掌拍起了胸膛。

那声音似乎天生就具有魔力一样，深深地感动了她，在那个还有些寒意的春天，她突然觉得心里有一股暖流经过，整个身体都温暖起来。

她永远记得那位老人对她说的话："只要努力，一个巴掌一样可以拍响。你一样能站起来的！"在此之前，她从来没有相信过自己，而这次她竟然全身充满了力量。

回到家里，她让父亲写了一张纸条，贴在她的卧室里，那上面写着："一个巴掌也能拍响。"从那以后，她决定收起自卑，开始主动配合医生治疗，并在家人的帮助下进行慢跑练习。对于一个连走路都吃力的人来说，这无疑是非常痛苦的，可是她一直咬牙坚持着，不管多么艰难，都不放弃。

她幻想着有一天自己也能像别的孩子一样正常行走、奔跑，为此趁父母不在的时候，她就偷偷丢下支架，尝试走路，那种撕扯着筋骨的疼痛简直让她生不如死，可她从未低头退缩。

也许是真的感动了上天，经过长达五年的努力，她终于扔掉了支架，虽然依旧走得不是特别稳当，但这毕竟是一个巨大的进步。这时候，她又决定向更高的目标前进，她要参加跑步比赛。这简直是难以想象的疯狂。

然而，她最终做到了。在1960年罗马奥运会女子100米短跑决赛上，她第一个撞线，感动了现场所有的观众。场上所有人都站起来为她喝彩，齐呼她的名字。在那一届奥运会上，她成为世界上跑得最快的女性，也成为世人心目中的英雄。

别以为剩下一只手就做不成任何事了，别以为没有脚的人就不能登上高山。当只有一个巴掌的时候，为自己鼓掌吧，你将会感动自己。成功并没有什么必然条件，如果有的话，那就是你的决心。

在很多自卑者的眼中，就算他的生活如天堂般美好，他也会觉得自己高处不胜寒。而在自信者眼中，就算面对一只停摆的钟表，他也会兴奋地认为这只钟在一天内会有两次准时。

怎样克服自卑？在解决这个问题之前，你要明白，自卑的心理并非在短时间内形成的，冰冻三尺非一日之寒。那么自卑真的可以消除吗？答案是肯定的。造成自卑的因素，主要是不能客观地认识自己。因此，若想消除自卑，首先应该认清自我，了解自己是个什么样的人。我们应该善于发现自身的闪光点，肯定自己的优点。每个人都有不足之处，只有不断提高自我评价，我们才能树立起自信心。

钢铁大王安德鲁·卡内基曾说过："尽管我知道自己身上存在许多缺点和不足，但我决不会总盯着它们不放，更不会为此感到自卑，我会想方设法消除它们。况且，我身上也有许多闪光点，我会尽最大努力发挥我的优势，所以我没有时间为我的缺点和不足顾影自怜。"

安德鲁·卡内基还说："为人处世，就如同在泥沙中淘金，你有明确的目的，你要淘出金子来，而不是挖一堆没用的泥沙。如果我们的眼中只有别人的缺点，那么我们终将一无所获。与此相反，如果我们能看到别人积极的一面，那么只要你努力，终有一天会找到深埋在泥沙里的金子。"

罗纳德是一位大学老师，在他的班上有一名名叫克里斯的学生非常自卑，总是被别的同学忽略。

一天，克里斯正趴在课桌上做功课，罗纳德试探性地问他："你很想进入快班学习，对吗？"

克里斯很惊讶，脸上浮现出异样的表情，眼睛里还闪烁着泪光。他说："先生，您是问我吗？我确实很想到快班里学习，我可以吗？"

罗纳德点点头，说："没错，你可以进入快班。"

克里斯离开教室的时候，整个人都不一样了。他容光焕发，神采奕奕，并对罗纳德表示了深深的感谢。

罗纳德对别人说："我要感谢克里斯。他给我上了一节难忘的课——每个人的内心深处，都希望自己变得重要。为了永远记住这点，我写了一条横幅'你是重要的'。我把它挂在教师讲台上，时刻提醒自己，也提醒学生们。"

是的，每个人都希望自己是重要的，是有价值的。但是，因为自卑作祟，有些人经常忽略自己的重要性和自身价值。其实，对于我们生活中的那些自卑者，你只要稍微赞美他一下，他就会立即充满信心，爆发出无穷的潜力。只不过，他们总是走不出自己建造的自卑世界中。他们习惯将焦点放在自己不好的一面，而不会注意到自己的优点。要解决这个问题，有个很简单的办法。既然你暂时摆脱不了自卑的处境，不如让别人注意到你的闪光点，从别人的赞誉里获得自信。

信念让你内心强大

我要让全世界都知道，我的祖国埃塞俄比亚从来都是靠坚定的信念和英雄的气概赢得胜利。

——贝基拉

有一支探险队到撒哈拉沙漠的某个地方探险。经过了漫长的跋涉之后，他们并没有如期到达，反而迷失了方向。更加不幸的是，他们储备的水也没有了。大家心急如焚，不知该怎么办。这一切被探险队队长看在了眼里，他拿出一个水壶，对大家说："这里还有我们唯一的一点儿水，但是不到最后一刻，我们坚决不能喝。"

于是，这壶水成为他们最后的希望。每当有队员表示撑不下去的时候，队长就把这个水壶拿出来鼓励大家。最终，他们依靠顽强的精神到达了目的地，大家喜极而泣。等到他们的精神和体力都恢复得差不多的时候，队长却告诉他们其实壶里装的全是沙子。

有时候，信念就是那个装满沙子的水壶，让我们有勇气克服困难，走出人生的绝境，到达理想的彼岸。

1932年8月7日，贝基拉出生在埃塞俄比亚首都斯亚贝巴附近的一户牧民家庭。父亲为他取名贝基拉，意思是"小花"，就是希望他能够像小花一样坚强地活下去。同一天，远在万里之外的洛杉矶奥运会上正在举行马拉松比赛，仿佛预示了他是为马拉松而生的。

当时的埃塞俄比亚虽然是个独立的国家，但由于贫穷落后，一直受到意大利的威胁。就在贝基拉3岁的时候，意大利撕下了伪善的面具，悍然发动了对埃塞俄比亚的侵略战争。虽然意大利的侵略并没有成功，但导致埃塞俄比亚民生凋敝，很多人连吃饭都成问题，贝基拉也是其中的一员。

为了维持生计，他小小年纪就不得不子承父业，当起了放羊牧童。埃塞俄比亚地处荒漠，气候和自然环境都非常恶劣。为了找到草地，他经常翻山越岭，到几十千米以外的地方去放羊。这为他将来的职业运动员生涯打下了良好的基础。

1941年，在盟军的帮助下，埃塞俄比亚终于将意大利赶出自己的国土，获得了最后的胜利，开始步入正常的轨道。这对于贝基拉来说，最好的消息就是他终于可以上学了。学校离他家很远，每天早晨他都要跑好几千米，可是他却乐此不疲。体育老师发现了他的奔跑天赋，便让他加入了曲棍球队。这也是他第一次进行系统的训练，对他后来的发展影响颇深。

1951年，19岁的贝基拉应征入伍，在部队里他遇到了自己人生中非常重要的人，一个来自瑞典的教官。作为一名非常有经验的军人，这位教官有一套自己的魔鬼训练方法。每天早晨，他都要带着年轻的士兵在海拔将近2000米的高山上进行跑步训练，通常每天要跑32千米，有时还会进行一组1500米的山地跳跃跑。为了增加难度，他不允许士兵穿鞋，每天都让他们在炽热的岩石和粗糙的地上赤脚跑步。

残酷的训练让很多人都望而却步，很多士兵纷纷打起了退堂鼓，只有贝基拉自始至终严格执行教练的每一个指令。新兵训练营结束之后，他以最优异的成绩被分配到近卫军，成为埃塞俄比亚皇帝赛拉西一世宫廷卫士中的一员。除了平时的军事训练和站岗放哨外，每天跑几千米成为他最大的乐趣。

1956年，24岁的他看到了即将参加墨尔本第十六届奥运会的埃塞俄比亚运动员队伍，他心潮澎湃，并暗暗发誓也要为国家争光。经过一年的努力训练后，在1957年的全国军队运动会上，他一举击败了当时的长跑明星瓦米·比拉图，获得了冠军。赛后，经过教练的推荐，他顺利加入国家队，自此开始了他的职业生涯，而此时他已经25岁，并且没有接受过多少专业训练。

1960年，第十七届奥运会在意大利罗马举行。9月10日马拉松比赛的那一天，28岁的贝基拉作了一个令人吃惊的决定：赤脚参加比赛。这原本是违反比赛规则的，或许是大家都知道非洲人的习惯，但更大的可能是别人根本就不认识这个籍籍无名的大龄选手，没有人期待他能有什么好成绩，所以至于他怎么样，根本没人关心。

这场比赛汇集了全世界七十多名专业长跑运动员。不过贝基拉并不怯场，从一开始就保持在第一方阵。罗马当时的天气仍然很热，可是为了取得好成绩，他连续三次放弃了补充水分的机会。

跑到三十多千米处，途经一座古文化纪念碑。这块纪念碑已经有一千七百多年的历史，是埃塞俄比亚文明的象征，结果在第二次世界大战中被意大利人掠夺了。就在此处，他超越了前面的摩洛哥运动员，成为领头羊。

终点就在眼前，古老的君士坦丁凯旋门正在前方等着他。最后几千米，他开始冲刺，直到被终点围观的群众撞到，他才知道自己已经跑到终点。最终，他以总用时2小时15分16秒的成绩夺得了金牌，并创造了新的马拉松世界纪录，成为奥运会历史上第一位获得金牌的非洲黑人选手。

158

法国著名作家罗曼·罗兰说过："人生最可怕的敌人就是没有坚强的信念。"如果贝基拉没有始终如一的信念，没有坚持到底的决心，是不可能走到最后的。人必须有信念，才能实现自己的人生理想。

同样，正因为有信念，我们才慢慢学会坚强，学会坚持，学会不放弃，学会在困难面前以无所畏惧的勇气去冲破重重枷锁，最终走上成功之路。

人生需要信念，有信念的人能够在危急时刻依旧不放弃，拼命向前。

不幸有时也是一种幸运

我跑步，因为这是生活的象征。你必须迫使自己克服这些障碍。

——亚瑟·布兰特

IT 工程师也许是世上最辛苦的人群之一，他们经常不分昼夜地工作，作息毫无规律可循，臧西蒙也是如此。作为国内著名的 IT 工程师，一方面他觉得自己在工作上非常顺利，另一方面又觉得自己的精力大不如前，做什么事都提不起兴趣来。

在前几年的公司例行体检中，血糖、血脂和血压的居高不下给他敲响了警钟。为了避免自己过早加入中年发福男人的行列，他听从了医生的建议，开始练习跑步。这原本只是迫于无奈的选择，谁能想到他后来竟然爱上了跑步。

奥林匹克森林公园的跑步氛围浓厚，每天都会有很多人前来练习。因为住所距离这里不远，他也将奥林匹克森林公园当作了自己跑步的主战场。

由于经常在这里跑步，他有幸遇到了一个专业的跑步教练，随后他们进行了交流。教练对他坚持跑步评价很高，最后还专门为他量身打造了一份为期30天的科学训练计划。这份计划书非常详细，包含了跑步和力量的训练，也包括了饮食和作息的调整。他严格按照计划训练，不给自己留下一丁点儿偷懒的机会。30天后，他不仅精神状态大幅度好转，而且对跑步也有了更加清晰的认识。在此期间，他还利用公园的场地逐步完成了半程马拉松和全程马拉松的目标。

现在他跑步已经有三个年头了，除了跑马拉松带给自己的成就感以外，他的精神和身体状态都发生了难以置信的变化。2015年的体检，他的身体状况比之前好了很多，虽说还没能完全恢复，可绝大多数数值都降到了警戒线以下，更难能可贵的是他现在的体脂比甚至已经达到了专业运动员的水准。身体上的变化带来了精神上的变化，现在的他精力充沛，不再那么容易累了，精神压力也小了很多。

2015年5月底，臧西蒙决定参加50千米的越野比赛。完成这项艰苦的赛事后，他感悟颇多。他认为成绩不应该是唯一的目标，健康快乐才是最重要的，坚持跑下去，快乐地成长才是跑步的意义所在。

在一次IT沙龙上，有几个同行也想加入臧西蒙的跑步队伍。于是他就和大家简单地分享了自己的感悟。

他说："在跑步这项运动中，人人平等。只要报名参赛，就可以和世界顶尖高手站在一条起跑线上。"面对同样的跑道，跑过同样的距离，摆在我们面前的一直都有两个选择：你可以选择站在旁边给选手加油，或者冲上赛道，勇敢面对挑战，感染别人，感动自己。这就和我们的人生一样，你到底是想做自己的主角，还是做别人世界里的配角，选择权在你自己手上。你的人生路没有人做得了主，如果你甘愿躲在别人身后，就别抱怨成功没有眷顾你。

跑步是会上瘾的。真正热爱跑步的人都知道，在跑步的过程中不断挑战自我，旧目标达成之后新目标立马出现。这一路，只有里程碑，没有终点，没有永远的胜利。这个过程多半不会一帆风顺，我们会遇到各种挑战，比如伤病，成绩止步甚至退步，或者周围人的不理解不支持，等等。但这并不是什么可怕的事情，越是这样，你就越需要坦然面对，需要冷静分析，不能轻易放弃。

我们做的任何一件事情都有失败的可能，但是我们所做出的任何一次尝试都是有价值有意义的，即便最终的结果是输得一塌糊涂，我们也该庆幸还有勇气做出这样的选择。接受暂时的失败，并非承认失败。只要你继续向前，总有一天必能战胜命运。

不管你是否努力，这世界总会有人在努力。要想赢得主动，没有其他的办法，唯有"努力"二字。一个人要想真正成长起来，必须以平和的心态去面对所遭受的一切。这世界并不欠我们什么，你遭遇的别人也在遭遇着，所以不要去抱怨。我们的才华不会因为使用而变少，相反你越使用，就变得越多，最后它会让我们耀眼夺目。

只有经过许多次的尝试，才知道如何跨越障碍；只有经历过多次失败和挫折的人，才能收获最激动人心的成功。

一天，一个男人遇上了一场车祸，他失去了一条腿。当朋友们来看望他，都为他失去了一条腿而难过时，男人却笑了。

"你难道还有心情笑吗？"朋友们都以为他精神不正常了。

"当然。当我醒后得知自己只失去了一条腿时，就安慰自己说：'没什么，你只是失去了一条腿，而不是整个生命。'所以，我现在有足够的理由笑啊！"

过了一段时间，这位男人便接到了下岗通知书。因为少了一条腿，他已无法胜任原来的工作。

朋友们得知了这个不幸的消息后，准备了一大堆安慰他的话，想在看望他时好好安慰他一番。然而，令朋友们惊讶的是：当他们见到这个男人时，他正平静地坐在轮椅上，把下岗通知书折叠成一架纸飞机，抛向了天空。当他看到纸飞机随着风儿徐徐上升时，竟开心得像个小孩子似的大笑起来。

"你不难过吗？那可是下岗通知书！"朋友们问。

"既然下岗已成为无法改变的事实，我与其难过，还不如想'幸好你只是失去了工作，而不是失去再创业的勇气啊'。所以，我没有理由难过！"

后来，男人的妻子因为接受不了这么多的打击，和一个流浪艺人私奔了。

朋友们知道后，都为他担心，以为男人经过这次打击，肯定会消沉的，便都赶过来看望他。当朋友们见到男人时，他正坐在空荡荡的家中，边哼着小曲，边擦洗着那条还未完全痊愈的伤腿。

"你是不是真的疯了？还有心情唱歌？"朋友们冲他喊道。

"为什么不唱？她只是背叛了我一个人，而不是背叛了整个国家。所以，我没理由不高兴、不歌唱！"

或许很多人觉得这个男人有点儿神经质，他的行为举止确实有点儿不可思议。可仔细想想，他却是一个懂得生活的人。每当他遇到不开心的事时，总是安慰自己："这没什么。"他知道怎样将自己的心情进行保鲜。若是其他人遇到了这么多的不幸，只怕早已吓倒了吧！

　　每一个人的成长道路都不是一帆风顺的，人生难免会有挫折。一位伟人这样说过："并不是每一次不幸都是灾难，早年的逆境通常是一种幸运。与困难做斗争不仅磨砺了我们的人生，也为日后更为激烈的竞争准备了丰富的经验。"

PART 5

自己选的路，跪着也要走下去

为什么坚持跑步的都是大佬

生活，必须拼尽全力

　　经过一番努力做成自己想都不敢想的事情后，你会觉得自己的灵魂已升华到另一个境界之中了。

——约翰·戈达德

　　当生活对我们不够友好时，我们该怎么办呢？答案是，我们要尽量对自己友好。

　　麦吉怎么也想不到命运竟然和他开了那么大的一个玩笑。他原本有着非常好的前途，在风华正茂的年纪，他正好从著名的耶鲁大学戏剧学院毕业，他聪明帅气，人缘很好，踢美式足球及演戏剧都表现突出，是很多姑娘的梦中情人。按照他的人生规划，他应该先去百老汇演几场话剧或者歌剧，然后到好莱坞拍电影，他认为自己肯定能红得发紫。其实不只他这么认为，认识他的人也都这么认为，如果有人不认同，那只有一个原因，那就是嫉妒，赤裸裸的嫉妒。

可这一切都在多年前的一个晚上发生了改变。那晚，一辆18吨重的大货车从第五大道驶出来，等他注意到的时候已经被撞倒在地上了。醒来的时候，他躺在医院，左小腿已经切除。

但是他并没有抱怨。手术后不到一年，他开始练习跑步，不久便参加了10千米赛跑，还相继参加了纽约马拉松比赛和波士顿马拉松比赛，并打破了伤残人士组纪录，成为全世界跑得最快的残疾人长跑运动员。接着他决定参加铁人三项全能比赛，一口气游泳3.85千米，骑脚踏车180千米，跑42千米的马拉松，这是一项极其艰难的运动。这对只有一条腿的麦吉来说，无疑是一个巨大的挑战。

1993年6月，在南加州的铁人三项全能运动比赛上，当麦吉带着一群选手穿过一个小镇时，突然，他听到周围的人在大声尖叫。他下意识扭过头看的时候，一辆黑色小货车已经朝他冲了过来。

来不及躲闪，他被撞得飞越了马路，一头撞在路灯柱上，颈椎被碰断，当即昏了过去。手术后，麦吉醒了过来，发现自己一动也不能动。他四肢瘫痪了，那时他才30岁。

不幸中的万幸是他的四肢并没有完全失去功能，他的手臂还可以微微抬起一点儿。他坐在轮椅上，将身子向前倾时还可以用双手完成一些简单的动作，右腿也能抬起两三厘米。当他发现自己的四肢还有点儿感觉时非常激动，因为他有可能能靠自己生活了，不用24小时受人照顾。最终，经过长时间的艰苦锻炼，他渐渐学会了自己洗澡、穿衣服、吃饭，甚至开车。

经过一段时间的治疗后，家人把麦吉送到了科罗拉多州的一家复健中心，那里生活着很多四肢残疾或者瘫痪的人。他看到这些和他有着同样命运的人，伤残、疼痛、活动能力缺失，他们在复健、锻炼——一切都是如此熟悉，他都经历过，或者正在经历着。麦吉告诉自己：与其像现在这样活着，还不如向命运发起一场永不言败的战斗。懦弱的人哀叹现在，勇敢的人憧憬未来。

就这样，麦吉再度打起精神，积极进行康复训练，康复速度之快，出乎所有人的预料，似乎每一次伤痛都是他人生升级的秘方。经过一年多的康复训练，生活中的大部分事情他都可以独自应对了，这使得他又重新回到了正常人的世界。后来，一个三项全能运动员大会邀请他出席开幕式，在开幕式上，他发表了《坚忍不拔和人类精神力量》的演说，这篇演讲激动人心，得到了观众最热烈的掌声。

人的一生，最幸福的事情就是竭尽全力为自己而活。不虚度自己的光阴，不浪费自己的天赋，认定了的事就绝不向命运低头。竭尽全力生活，即便是最普通的工作，也会得到不一样的荣耀。

海明威曾经说过："一个人只要拼尽全力去做一件事，不论结果如何，他都会获得成功。相反，一个人如果没有竭尽全力，即使得了第一，又能问心无愧吗？"竭尽全力是一种积极的人生态度，是对自己命运的负责，同时也是对自身潜能的深层次挖掘。如果你从没想过对自己的人生竭尽全力，那么即便暂时有所收获，最终也可能会失去。

所有的成功者无非就是有了目标之后便下定决心去追求的人，他们不会因为困难而后退，不会因为挫折而怀疑自己，更不会因为暂时看不到希望而选择放弃，竭尽全力从来都是他们的座右铭。同样的道理，趁年轻的时候，竭尽全力才可能看到希望。

美国探险家约翰·戈达德是个非常富有传奇色彩的人。这些年来，他孤身一人探索过尼罗河、亚马孙河和刚果河流域，登上过包括珠穆朗玛峰、乞力马扎罗山和麦特荷恩山等在内的众多名山，游历过全球绝大多数国家，还写过音乐，出过书……即使这样，他还是有一些任务没有完成。

约翰·戈达德出生于洛杉矶郊区一个普通的家庭，小时候为了生计，他的父母每天都要非常辛苦地工作，所以他经常都是一个人待着，去过最远的地方就是附近的镇子。看着电视里的美丽世界，他怦然心动，这个没见过世面的孩子决定把自己这一辈子想做的事情列一张表，然后再逐一实现。这张名为"一生的志愿"的计划表，一共有127个任务，内容涵盖旅行、医学、音乐、文学等。

这些年来，他一直都按照这个计划表去生活，迄今为止，他一共完成了106个任务。在他实现任务的过程中，有过数十次死里逃生的经历，这些经历让他学会了更加珍惜自己的生活。他说："有一天我发现自己快完蛋了，突然产生了一种惊人的力量和控制力，而在此之前，我从来没有发现自己还有如此巨大的能量。经过一番努力做成自己想都不敢想的事情后，你会觉得自己的灵魂已升华到另一个境界之中了。"

终极赢家总是跑得最久

要想成为最好的跑者，你需要的是耐心。优秀的运动员都知道跑步是个长时间才能出效果的运动项目。它是为了那些看中迟来的满足感和喜欢辛苦努力后取得成功的人预备的项目。

——安东尼·费明力提

"跑步的高潮体验是冲过终点的那一刻。当你拖着疲惫的身躯踏上计时毯，看到为你喝彩的观众，看到迎接你的队友时，五味杂陈的感受便会从躯体深处涌上心头。激动、兴奋以及所经历过的痛苦和放弃，泪水和着汗水流淌下来，我觉得一切都值了！对自己也算有个交代。"这是首次参加马拉松全程比赛后孟祥昆的感慨。

作为"科大夜跑团"和"天津爱跑团"的发起者和组织者，现在的孟祥昆绝对是"骨灰级"的跑者。可两年多前，他完全是另外一副模样。

2013年3月，因为工作和生活不规律，孟祥昆的体重一度飙升到一百九十多斤，别说运动了，即使天天什么都不做，他也显得没有精神。那时候，他的一个高中同学患有严重的脂肪肝，为了治疗，医生建议他的同学每天跑步。为了有个伴，也为了相互监督，他的同学邀请他一起跑。他也觉得该减肥了，就答应了同学。

每天下班后，他和同学相约在天津科大进行夜跑。于是，很长一段时间，在夜幕下，人们就会看到两个大胖子在跑道上挥汗如雨的情形。刚开始，他们两人跑一圈就累得大汗淋漓，恨不得直接躺在跑道上。鉴于这种情况，为了防止偷懒，他们给每一天都规定了最低限额，从三圈、五圈、八圈，再到后来的5千米、10千米，当每一个看似不可能完成的任务一点点被自己踩在脚底下的时候，那种满足和兴奋简直让他们难以想象。

三个月后，高中同学的脂肪肝由重度变成了中度，而他自己的体重也由原来的一百九十多斤降到了一百五十多斤。随之，他们的生活状态和精神状态也发生了很大的改观。作为一个"80后"，孟祥昆除了工作，每天无非就是上网聊天、打游戏、追剧，到了周末就约几个朋友聚会、打牌、唱歌。这种生活方式会让人有一种满足感，但是等到人都散了一个人独处时，还是会觉得空虚，而跑步则很好地缓解了这种感觉。借助跑步，时间变得有意义，每一分每一秒都变得无比奇妙。

因为跑步，他结识了同样热爱跑步的人。平时大家都各跑各的，也没什么联系。所以孟祥昆创办了"天津科大夜跑团"，目的是为大家提供一个交流的平台，同时也分享跑步的乐趣。夜跑团成立不久，孟祥昆就报名参加了2013年的北京马拉松半程比赛。跑步的人都知道，要想完成半程马拉松，通常最少都需要累积七八百千米的跑步量，而那时候他才刚跑没多久，累积起来的跑步量也不过只有三四百千米，这显然是不够的。

从他报名到距离比赛还有三个多月的时间，为了多加练习，他要求自己每天晚上跑15千米，周末的时候跑20千米。第一次跑的时候，他没有带水，也不知道怎么分配体力，只顾着拼了命地往前跑。跑完之后，连走路的力气都没有了，而且他跑到的那个地方前不着村后不着店。在路旁坐了大半个小时，才恢复了一些体力，后来又走了很长时间才找到卖水的地方，于是一口气喝了一瓶功能饮料、一瓶碳酸饮料和一瓶矿泉水。虽然第一次失败了，但他从中掌握了很多经验，跑过多次之后，他开始总结规律，需要带多少水，大概什么时候自己的体力下降得最厉害，什么时候最艰难，等等。

三个月后，带着巨大的成就感，他胸有成竹地来到北京。当时参加跑步的运动员很多，前来观看比赛的人更是难以计数。一路上跑跑停停，起初他的节奏全乱了，直到10千米以后，他才按照自己的节奏往前跑。这次比赛，他共用时1小时50分，虽说并不是什么值得骄傲的成绩，但他依旧高兴得不得了，因为他最终没有逃避，而是完成了比赛。最让他难忘的是，现场气氛的热烈，其他运动员的友好以及为他加油的观众使得他感觉自己就像明星一样。

跑完了北京马拉松之后，时隔不久，他迎来了自己的全程马拉松比赛——大连金石滩国际马拉松比赛。与之前不同的是，这次他们有四个人参赛。作为队长，他在赛前做了详细的赛程规划，然而事实证明他高估了自己的能力。

跑到25千米的时候，其中一位队员中暑了，他赶紧停下来打电话给其他队员和朋友，得知队友情况稳定后，他才继续参加比赛。可是没跑多长时间，再次出现了问题，他的脚抽筋了，刚开始还能勉强应付，到后来实在是坚持不下去了。看着身边一个个忽闪而过的身影，他很无奈。第一次全程马拉松跑成这样，给他带来了极大的打击。那到底还跑不跑呢？"坚持，挺过去！"他告诉自己。

身体上的不舒服，再加上心理上的煎熬，让他随时都有放弃的念想。一直到37千米的时候，他才看到一丝希望。他用降温海绵给自己的腿部按摩，抽筋有所减轻，他又继续跑了下去。他把之前定的所有计划全都抛在脑后，唯一要做的就是完成比赛。他用了4小时48分钟才跑完，到达终点时，这个坚强的汉子难以抑制地和队友抱头痛哭。

经过这次比赛，孟祥昆明白：跑马拉松并不是为了追求成绩，对于他来说，无论三小时还是四小时，并没有太大的区别，这项运动真正教会他的是坚持，是持之以恒。后来，他为了宣传自己的跑步理念，将跑团的名字改为"天津爱跑团"，目的就是吸收那些真正热爱跑步而不是为了追求成绩的跑者。

就像他所宣传的跑步理念一样，我们可能没有别人跑得快，也没有别人聪明，没有好身世，没有可以炫耀的东西，但只要你能够坚持下去，你就有机会赢过别人。跑得快并不一定能赢，但跑得久，坚持时间长的人往往都会是人生的赢家。

每个人的人生都是一场马拉松，比拼的不是一时的速度和爆发力，而是持之以恒的耐力和续航力。在人生的起点，你跑得再快，也并不能说明什么，因为往往有人赢在起点，却输在了终点。

需要注意的是，既然人生是一场马拉松，我们就要有自我调节的能力。不管你是跑得快，还是跑得慢，都要学会在累的时候适当休息一下。休息并不是懈怠，只是在为自己储存继续跑下去的能量。

马拉松是个积累的过程，人生同样如此。如果你现在的能力不足以满足你对梦想的追求，那么最好的做法就是持续不断地积累。如果你暂时不如别人，也不要心灰意冷，那只是说明别人比你积累得更多罢了。

有人说，成功很难。的确如此，当别人都在奔跑时，你却在好高骛远，最终你也就只能望"成功"而兴叹。

想赢，就一定要坚持得比别人久。当你不如别人却又想赢得胜利时，就需要比别人更努力。

请记住：一时的输赢并不能定义我们的人生，跑得最久的人才能赢得最后的胜利。

一定要努力，但千万别着急

因为我想要赢才去跑步，但是第一个冲过终点并不就代表胜利，在比赛中发挥自己才可以称之为赢。

——梅布·克夫勒兹吉

在马拉松历史上，梅布·克夫勒兹吉的成绩虽然不是最好的（他最佳成绩是获得了2004年雅典奥运会男子马拉松比赛的银牌），但是他却被誉为"当代美国最伟大马拉松运动员"。你知道，这是为什么吗？

1975年，梅布·克夫勒兹吉出生在厄立特里亚，内战使得这个国家长期处于动荡之中，他的家庭自然也不能幸免。他父亲年轻时对政治非常热衷，经常抨击当时的独裁政府，遭到了当局的审查。为了自由，同时也为了躲避当局的追捕，20世纪80年代末的一个夜晚，他父亲带着全家人徒步走了320千米，最终获得了美国政府的政治庇护。这也许就是克夫勒兹吉的第一场马拉松吧。

很多人之所以喜欢克夫勒兹吉，是因为他在比赛中那坚忍不拔、永不言弃的态度。但其实，他曾经因为对马拉松失去兴趣而差点儿就放弃了。他参加第一场专业全程马拉松比赛时，发挥得极差，要不是为了尊严，他最后都想放弃了。其实这也很正常，他是个新人，有心理压力无可厚非，可他不这样想。他觉得自己无法应付如此长距离的比赛，因此才会出现这样的窘境。他心情沮丧，拒绝听从教练的安排，也拒绝训练。父亲知道了他的情况后，就和他一起回到了已经离开十几年的厄立特里亚。

那时候，厄立特里亚战争已经结束了，人们也都过上了安宁的生活。然后，当他真正踏上厄立特里亚领土时，他感受到的是一种孤独，他看到的是满目疮痍和人们呆滞的眼神，那种眼神让人绝望，他们的生活让人后怕。那一刻，他才真正体会到什么是困难，他在跑步中遇到的那点儿困难简直不值一提。

回到美国后，克夫勒兹吉开始将全部心思都放在训练上。除了增强自己的耐力之外，他还在包括营养摄入安排、灵活性、按摩和交叉训练在内的多个项目上作调整。细节决定成败，训练了一个月后，他便适应了马拉松的比赛强度。在之后的比赛中，虽然他还是会遇到种种问题，但都能快速地调整自己，将注意力重新放到比赛上去。

在一次采访中，他说："每当感觉这件事艰难时，我就会回想我的家人是如何从原来的国家来到美国的，我在训练上吃的苦、做出的牺牲、献出的努力与之相比简直不值一提。"

在2014年波士顿马拉松比赛上，克夫勒兹吉的状态不是很好，毕竟他已经39岁了，前半段始终处于绝对优势的他在比赛的最后阶段体力下滑得厉害，而后面的追赶者正在慢慢逼近。这时，他突然想到了2013年波士顿马拉松爆炸事件中的死难者，感觉自己凭空生出很多力量来，凭借着这股力量，他最终将胜利保持到了最后。

这就像他在平时的训练中做的一样，他学着将很多负面想法转化成积极正向的动力，这种转变让他在生活和比赛中克服了很多的困难。

在纽约马拉松比赛中，这一点体现得更加明显。比赛刚开始的时候，他处于第一梯队的后半段，经过几个起伏之后，他跑到了第八名。不过，当他看到前面是奥运会冠军乌干达名将基普罗蒂奇时，他想，输给奥运会冠军也不是什么丢人的事。

他一边想，一边象征性地向前冲刺了几步，竟然很容易就超过了基普罗蒂奇。这时，跑在他前面的人变成了赛会纪录保持者、卫冕冠军杰弗里·木泰，而且相距不远。他又想，这也许是唯一能赢杰弗里·木泰的机会了。就这样，他超过了杰弗里·木泰，变成了第六名。后来，他又超过了两名选手，最终获得了第四名。

通过克夫勒兹吉的故事，我们可以知道，每个人都需要找到自己的人生定位和目标，但在抵达人生目标的过程中，不能急躁，要控制好自己的情绪，要学会以平和的心态面对一切，让自己的计划慢慢实现。

很多人觉得人生太迷茫，主要原因在于他们根本不知道自己到底想做什么，他们没有理想，也没有明确的近期目标，所以经常像无头苍蝇一样四处乱撞。其实，要想让人生不迷茫，最好的办法就是让自己忙碌起来。这种忙碌不是瞎忙，而是你在对未来作出判断之后一步一个脚印地分解动作，有理有序，清晰明确。

没有目标的人就像是没有灯塔的轮船，找不到前进的方向，只会在时间的长河里摇摆不定，蹉跎终老。而有明确目标的人，内心往往是笃定的，生活也是充实的，对待未来也会变得积极热情，他们会排除外界的干扰，全力以赴地达成目标。对于那些没有目标，像无头苍蝇一样四处乱撞的人，鲜花从来都不属于他们。

如果才华无法帮助我们实现自己的梦想，我们就只能通过努力使自己变得强大，不断进化自己。只要今天的我比昨天强一点点，那就说明离目标又近了一步。

换个方向，你就是第一

最后 **5** 千米，我几乎是抽着筋走完的，这说明我还有很大的潜力可以挖掘。

——贝克勒

2013 年 9 月，在英国传统的"大北赛"公路赛上，埃塞俄比亚名将贝克勒以 2 小时 05 分 03 秒的优异成绩夺得了冠军。人们见证了他的辉煌，却不知道他为此付出过多少努力。

贝克勒出生于 1982 年，是埃塞俄比亚一位农场主的儿子。家境优越的他不愿意躺在父辈的功劳簿上享受自己的人生，而是渴望闯出自己的一条路。

我们都知道，埃塞俄比亚出过很多长跑运动名将，几乎占据了世界长跑运动的半壁江山。在这样一个国度，贝克勒同样热爱跑步，后来遇到了埃塞俄比亚著名田径运动员格布雷希拉西耶，在他的影响下，贝克勒决定将跑步作为自己毕生的事业。

不得不说，贝克勒是个跑步天赋非常出众的人，他年少成名，成就非凡，被誉为"万米之王"。2001年，他改写了3000米长跑的世界青年纪录，那年他才19岁，并由此引起了体育界人士的极大关注。同年，他还获得了世界田径总决赛3000米冠军。在2002年都柏林的世界越野锦标赛上，他又获得了成年组冠军，并成为世界第一位在同一个运动会上同时在长距离和短距离项目上都获得冠军的运动员。而在此后的2003年和2004年，他又成功卫冕这项赛事的桂冠。

2003年，在世界田径锦标赛上，贝克勒夺得了10000米比赛的冠军，并且在5000米比赛中获得了铜牌。而2004年则是他最辉煌的一年。格布雷希拉西耶是他的偶像，但他一步步打破了偶像的纪录。2004年5月31日，在亨格洛站黄金大奖赛上贝克勒打破了偶像保持的5000米世界纪录。2004年6月8日，在俄斯特拉法国际田径挑战赛上，贝克勒又以26分20秒31毫秒的成绩刷新了格布雷西拉希耶保持的万米纪录。到了雅典奥运会的赛场上，他更是将自己的纪录升级到更高的水平。在10000米比赛中，他和偶像格布雷希拉西耶站在同一起跑线上，最终他又一次超越了偶像，夺得了冠军。而在8天后的5000米比赛项目中，他因为战术错误，最后被另一位名将奎罗伊超越，这是他在奥运会上获得的唯一一枚银牌。2005年8月26日，在布鲁塞尔站黄金大奖赛上，贝克勒以26分17秒53毫秒的成绩刷新了世界纪录。

2008年北京奥运会10000米比赛，贝克勒后程发力，刷新了奥运会万米纪录，取得了27分01秒17毫秒的成绩。在其后的5000米比赛中，贝克勒一洗雅典奥运会上的耻辱，以12分57秒82毫秒的成绩再度刷新奥运会纪录。在这次奥运会上，他获得了两枚金牌。

而后在2009年柏林世锦赛的10000米项目中，贝克勒在最后一圈发力，迅速超过对手，以26分46秒31毫秒刷新了世锦赛纪录。这是他获得的第四枚10000米世锦赛的金牌，追平了他的偶像格布雷西拉希耶。在其后的5000米比赛中，贝克勒全程奔跑，拼尽全力，以13分17秒09毫秒再次获得冠军。

但在参加完2009年柏林世锦赛之后，他的好运气就结束了。他开始受到伤病的困扰，成绩也骤然下降，多数人都认为这位超级明星已经接近其运动生涯的终点。可是他却接受不了，在缺席了2010年全年比赛之后，伤未痊愈的他强行参加韩国大邱世锦赛10000米比赛，结果他一开始就被很多人甩在了身后，十几圈后，他因伤退出，无缘世锦赛五连冠。之后他又退出了5000米的比赛。这可以说是他连续三年经历的一个缩影，伤病—复出—伤退，循环往复。

186

多次失败之后，他开始认真对待伤病问题，慢慢懂得欲速则不达这个道理。从一个光鲜亮丽的超级巨星到无人问津的陌生路人，这其中的心酸可想而知。可是如果不能安心将伤病养好，则意味着再也无法站在跑道上。与其自怨自艾、倔强逞能，还不如坦然接受命运安排的一切。

接下来的时间里，他决定不参加任何比赛，直到把伤彻底养好再说。而在养伤期间，他进行了很多思考，觉得即便伤愈之后，爆发力也会大不如前，很难在5000米或者10000米的比赛项目中有大的突破；而长期的高原生活造就了他良好的耐力，再加上之前积攒下来的跑步经验和技巧，他认为参加马拉松赛事也许是个不错的选择。

腿伤彻底痊愈后，他便开始实施自己的马拉松训练计划。因为还有其他的伤病，所以他并不刻意追求速度，而是以耐力为主。每天早晨四五点钟，他就开始在森达法地区的高原上跑步，训练量和训练强度都远远超过他以往的训练状态。整整三年时间，他每周都保持跑三场全程马拉松。

之后的故事，就要转到开头那段了。31岁的他再一次向世人证明了他的潜能和天赋，他在2014年的中国宁波马拉松比赛中再次获得冠军。

贝克勒的故事让我们懂得了选择的重要性。当我们发现前面已经没有路的时候，换个方向有时候比一味地倔强更加重要。我们要有坚持到底的勇气，同时更要有重新选择的勇气。因为有时候不执拗，知道改变并勇于改变，才是人生的大智慧。

农民书法家张文举从小就立志当一名作家，为此，他十年如一日，每天坚持写1500字，寒暑不断。每写完一篇稿子，他都要改上好多遍，加工润色，精心打磨之后再寄给杂志社。但令人感到遗憾的是，尽管他一直努力用功，可从来没有一家杂志愿意刊登他的文章，他也没获得一个人的认可，更加可悲的是，他连退稿信都没有收到过。

可是他从来没放弃过，29岁时他收到了第一封退稿信，是一个杂志编辑寄给他的，在信里编辑写道："看得出来你是一个非常努力的文学爱好者，但是我不得不遗憾地告诉你，你的知识面太过狭窄，生活经历也过于苍白，所以写的文章都太过流于表面，没有说服力。不过我发现，最近你的钢笔字写得越来越好了，所以你不妨练练钢笔字，等到有一定阅历的时候，再重新写作。"

这封退稿信点醒了张文举，他不再执拗于写作，开始练起钢笔书法。他进步很快，没用多久就小有所成，现在他已经是一个非常有名的书法家了。

一个人有勇气坚持自己的理想固然重要，但就像张文举一样，

有勇气重新选择方向也是难能可贵的。执拗是一种迷惘，只会让我
们在错误的路上越走越远。

　　一群鱼游的方向不一定是对的，可能是个陷阱；一条鱼游的方
向不一定是错的，可能那才是最符合它的路。如果我们总是跟在别
人身后，人云亦云，虽然犯错误的概率很小，可那样我们永远都只
是个追随者，做不了自己命运的主人。路走不通时，不如换个方向
吧，也许你能发挥自己更多的优势，展现自己更多的特色。

奋起吧，穷并不可怕

对我来说，跑步就像吃饭喝水一样重要。

——格布雷西拉西耶

一名著名的艺术家在接受采访时被问了一个问题："跟您学画的那位青年，以后能够学有所成吗？"

艺术家深沉地回答："这不可能，因为他现在的年收入已经到了6000 英镑。"

我非常赞同这名艺术家的说法，因为历史上任何伟大的人物都经历过苦难。如果我们好逸恶劳、贪图享受，就很难走出困境，也无法获得好的发展前景。俗话说："人生如果没有经历过苦难，就是不完整的。"

格布雷西拉西耶出生在一个有十个孩子的贫穷家庭，他排行老八。为了节省开支，他在学生时代都是光着脚走路去上学，往返要几十千米。而正是在这种艰苦的环境中，他练就出坚毅的品质。

1992年，这位跑步天才在夺得世青赛5000米和10000米两枚金牌之后，全世界为之瞩目。从1993年开始，他接连夺得了四届世锦赛万米冠军并先后创造了27项世界纪录。

格布雷西拉西耶的故事告诉我们，贫穷是令我们发愤图强的起点。著名的"钢铁大王"安德鲁·卡内基也说："一个年轻人最大的财富莫过于出生于贫贱之家。"

贫穷虽然是束缚我们的枷锁，但只要经过努力就可以挣脱它，最终得到应有的回报。相反，如果一个人从小到大只会依赖别人，而不靠自己的双手维持生计，那么他无异于白白地葬送了自己的一生。

美国前总统格鲁夫·克利夫兰曾是一个贫苦的人，他当过小店员，每年的薪资只有50美元，他担任总统后说："极度穷困可以激发我们的雄心壮志。"

如果一个人没有压迫感，对生活感到很满足，那么他就不愿再努力奋斗。我们努力工作，固然是满足自己生活的需要，但更重要的是磨砺自己的人格，造福人类社会。

一个生活无忧的人说："一大早就起床工作，真的是没有任何意义。像我这样不愁吃穿的人，完全可以尽情地享受一生。"于是，他翻了翻身，继续睡觉，久而久之便成了慵懒无用的人。而那些家境贫寒的孩子，一大早就起床，开始兢兢业业地工作。他们知道，除了自己的努力外，再也找不到第二条出路。他们没有人可以依靠，得不到上天的垂爱，只有靠自己的努力，为自己打拼出一个光明的未来。

但狡黠的大自然就是借用这种方法，以达到锻炼人类的目的。大自然对那些努力奋斗的孩子有所偏爱，让他们拥有高尚的品格、富足的资产和优越的地位。可见，如果全世界的穷人都能在黑暗和沮丧的环境中闯出一条路来，朝着光明和愉快的方向前进，那么人们就可以在最短的时间内脱贫致富。但是，总有那么一些人不肯上进。所以说，世间的大部分贫困都是由懒惰造成的。

有的人虽然出身贫寒，被患难和不幸所笼罩，但他们依靠自信和勇敢的秉性，最终从贫困中脱身而出。如果一个人没有勇敢和自信的品格，甘愿过着一种懒惰、畏缩的生活，那么他就永远也战胜不了贫困。

如果一个人拥有坚定的意志，决心摆脱贫困，并从服装、面容、态度等各个方面去改造自己，去争取富裕与成功的机会，那么世界上就没有任何事物能动摇他的决心。这样，他就会充满信心，他的潜能将爆发出来，最终脱贫致富，获得惊人的成就。如果一个人安于贫困的现状，缺乏脱离贫困的自信，那么他的潜能将会慢慢消失，他这一生都将陷于贫困的境地。

我认识一个年轻人，他就读于美国一所著名的大学。他说，如果他的父亲不给他生活费，他就会饿肚子。

这真是一个沮丧的青年，他不相信自己能成就大业。他尝试过各种各样的事情，但都未能成功。他今天做这个，明天干那个，最终一事无成。

贫穷并不可怕，可怕的是我们的思想被贫穷束缚，总是认为自己命途多舛，必定会老死于贫穷。这种错误观念一旦形成，我们就觉得自己注定贫困，这确实是最大的谬误。

如果你觉得自己前途惨淡，觉得周围的一切都黯然无光，那么你就应该立即寻找新的出路，朝着希望和光明前进，并将黑暗和阴影尽数丢掉。

我们自从来到这个世界，造物主就为我们安排了美好的结局，关键在于我们是否已经下定决心，全力以赴去努力争取。任何人都有权利争取美好的人生结局，有成千上万的人因为运用了这种权利，并发愤图强，最终脱离了贫困的境地。

没有不可克服的障碍

当我奔跑的时候，我一点儿也不觉得自己是个残疾人了。

——里克·霍伊特

跑步通常都是一个人的运动，但是在美国却有一个名叫"TeamHoyt"的组合格外引人注目。这个组合由两个人组成——今年已经76岁高龄的迪克·霍伊特和他那已经54岁的儿子里克·霍伊特。里克·霍伊特小时候得了痉挛性脑瘫——手脚僵硬，无法动弹，这使得他只能在轮椅上度日，而他的父亲则成了他生活中最好的"拐杖"。

说起跑步，他们父子两人已经坚持了39年。1977年，15岁的里克·霍伊特对父亲说他想去参加一个慈善长跑，为一个在交通事故中瘫痪的运动员募捐。事实上，里克·霍伊特无法说话，只能通过一台互动式电脑表达自己的意思。

老霍伊特夫妻非常支持儿子的想法，并开始对他进行训练。最终，迪克推着坐在轮椅上的儿子，以倒数第二名的成绩完成了8千米的长跑。这个名次足以让他们高兴的了，因为在此之前没有人知道他们能否坚持到最后，现在他们做到了，无论结果如何，这都是一件值得庆贺的事。而跑完全程的里克则兴奋地在电脑上写下了一句话：当我奔跑的时候，我一点儿也不觉得自己是个残疾人了。

比赛结束后，由于老迪克此前已经十几年没有进行过长跑，突然的长跑让他的健康出现了问题，甚至有尿血的症状。然而，爱子心切的他，决定无论如何都一定要陪着儿子跑下去。赛后在面对记者的采访时，他说："我跑就等于他在跑了。"

为了更好地适应跑步，老迪克打算为儿子换一台轮椅，但即便是残疾人运动员比赛专用的轮椅也不适应他们的需要。为此，老迪克花费了足足两年时间，专门为儿子设计了一台轮椅，由一张改装过的坐垫，两个特大号的自行车轮胎和一个小前轮焊接而成。

而在寻找合适轮椅的两年里，他们并没有放弃跑步训练。第三年，父子两人参加了跑步生涯中的第一场正式比赛，从此以后便一发不可收拾。迄今为止，他们已经参加了各种跑步比赛近一千多次，其中还包括68次马拉松。他们的事迹影响了很多人，不仅越来越多的人因为他们的故事而爱上跑步，而且还有很多人邀请他们去演讲。

现在他们虽然已经身经百战，但老迪克却经常在比赛的前一晚难以入睡。这些年来，是儿子的梦想支持他挺了过来，然而身体是不会说谎的，他跑得越来越艰难了。2003年，老迪克心脏病发作，进行了一次心脏搭桥手术。手术之后，医生提醒他千万不能再做剧烈的运动了，否则有可能中风。可即便这样，这个跑步组合也没打算停下来，他们每周还是会参加跑步比赛。

一辈子究竟有多长？即使再长，除掉睡觉休息、吃饭穿衣、休闲娱乐的时间，剩下来的也并不是很多。我们不能控制生命的长短，可是我们能够控制生命的质量。是碌碌无为、慵慵懒懒地过一生，还是拼尽全力、全力以赴。这一切都由你自己决定。

每一个人都应为自己而活，不放弃自己的信念，坚定不移地走自己的人生道路，才能活出属于自己的精彩。这不仅是我们对自己最大的回报，也是我们向命运的宣战和不妥协。

我们必须承认，那些不愿屈服于障碍的人是值得我们尊敬的。他们即便身处黑暗的世界也能为自己负责，他们不愿得到别人的垂怜，不会绝望，更不会找任何借口。

不过，一个人如果想给失败找借口，"障碍"这个词恐怕是最好的选择。有人会说，他们之所以在工作上遇到障碍，是因为没有接受过高等教育；可是，即使他们接受过高等教育，也同样会在人生受阻时为自己找诸多借口。而一个真正内心强大的人，只会想方设法去排除障碍，而绝不会将障碍当作失败的借口。

有一次，华盛顿特区美国国立博物馆馆长约瑟夫·亨利听到了一个朋友的抱怨。这个朋友叫亚历山大·格拉汉姆·贝尔，由于他不懂电学知识，因而在工作中遇到了障碍。亨利对于贝尔的抱怨没有表示丝毫的同情，也没有说一句安慰的话，而是感叹说："真是可惜啊，你之前怎么没有花时间研究一下电学呢。"亨利接着说："去学吧！"贝尔真的去学了，他后来凭借学到的电学知识，为我们现在的电话通信做出了伟大的贡献。

我们都知道，贫穷也是一种障碍。但是，我们没有任何理由因贫穷而逃避责任、自甘堕落。美国前总统赫伯特·胡佛出生在一个铁匠家庭中，他很小的时候父亲就过世了；国际商用机器公司总裁托马斯·华生曾当过记录员，每周只能挣两美元；电影界泰斗阿道夫·朱柯曾给一个毛皮商当助手，后来靠着一家小游乐场慢慢起步……

以上这些人从没有说过自己遇到了贫穷的障碍，而是一心想着怎样消除障碍，他们不会把时间浪费在自怨自艾中。

罗伯特·路易斯·斯蒂文森是个体弱多病的人，但他没有因此放弃自己的理想和生活。他的生命中充满活力，每时每刻都能让人感受到阳光、力量和健康。他征服了病痛的折磨，并将自己的顽强意志在作品中化为旺盛的生命力，从而成为文学世界里的佼佼者。

在这个世界上，还有很多克服障碍获得伟大成就的人物：拜伦是个瘸子，朱利阿斯·恺撒患有癫痫，贝多芬双耳失聪，拿破仑身材矮小，莫扎特患有哮喘病，罗斯福从小就是小儿麻痹症患者，海伦·凯勒在盲聋哑中度过了一生。他们都是努力克服自身障碍为自己而活的伟大人物。

看到上面这些人的经历，你还认为自己遇到了难以克服的障碍吗？

PART 6

所有的捷径都是少有人走的路

为 什 么 坚 持 跑 步 的 都 是 大 佬

有压力时，记得放空心灵

跑步也好，人生也好，只要再多踏出一步就好。

——张钧宁

几年前，我参加过一家广播电台的节目，主持人问我："你觉得自己经常遇到的问题是什么？"这个问题的答案，相信大多数人都和我一样，那就是压力。生活的压力，工作的压力，是人们必须面对的。

在种种压力之下，你还记得曾经的梦想吗？你还在努力实现它吗？你有多久没有努力过了？一个月、半年还是一年，或是更久？如果你还没有想好，那么接下来就和她一起体验，一起经历吧！她，就是张钧宁。

张钧宁是谁，你也许不知道，但电视剧《武媚娘传奇》中的徐婕妤你肯定很熟悉。

然而，谁能想到这个外表柔弱、身材纤瘦的女孩，同样也是一位跑步爱好者呢。要不是她近几年连续参加了很多10千米、20千米的跑步比赛，一般人还真的很难把她和跑步联系到一起。

其实，她也不是从一开始就这么热爱跑步。因为本身性格内向，她经常宅在家里，不愿意与人打交道，刚开始当演员时也是如此。然而，这个行业更需要与别人交流，所以她一度非常不适应，觉得自己并不适合这个行业，想要放弃。

有一次她接了一个电影，拿到剧本后，却总也找不到感觉，每场戏她都要拍很多次，这不仅让整个剧组很无奈，也给她造成了极大的心理负担。可越是这样，她就越找不到感觉，每天拍完戏回家，她就关上房门，一个人躲在房间里，经常连晚饭也不吃。长时间的焦躁，让她的过敏性皮肤冒出了很多红疹。

姐姐看到她这种状态，很是担心，却不知道应该怎么帮她，对她的安抚也根本起不到一丁点儿作用。姐姐和她完全是两种性格的人，姐姐不仅开朗活泼，而且喜欢运动，每天吃完晚饭后，都会出去跑一会儿步。

有一天，姐姐出去跑步时，正好遇到张钧宁垂头丧气地走在回家的路上。为了缓解她沮丧的情绪，姐姐决定拉着她一起跑。可是她却不愿意，相对于跑步，她更喜欢一个人待着。但姐姐这次似乎是铁了心，无论她怎么拒绝，姐姐就是不答应，最后她只能陪姐姐一起跑步。

刚开始，她跑了还不到一千米就累得上气不接下气。累得实在不行的时候，姐姐跟她说如果觉得实在不舒服，就大声喊出来。她不明白为什么，最后终于在姐姐的不断鼓励下喊了出来，并将这段时间以来所有的负能量全部通过这种方式宣泄了出来。

在这期间，她有好几次都不想继续跑下去了，可看到姐姐并没有停下来的意思，她还是咬牙坚持了下去。

第一次跑步，虽然她只跑了大概3千米，但这种体验她从未经历过。以前的她，一整年的跑步量也达不到3千米。这次跑完之后，她的情绪不再像以前那么低沉。从那天开始，她的精神状态变得和以前完全不一样了，对工作的态度也比以前积极了。拍戏之余，遇到自己不明白的地方，她开始积极询问身边的同事和朋友。拍得不好，烦躁的时候，她就会在片场跑上一会儿，在跑步的过程中放松自己，思考问题。

慢慢地，跑步成为她生活中和吃饭睡觉同样重要的事情。工作的时候，即便再忙碌，她也会利用有限的条件锻炼一段时间；闲暇的时候，她会主动拉着姐姐一起跑步。由最初的3千米，到后来的5

千米、10千米，现在她几乎每天都要跑上20千米。

关于跑步，她这样说："很多以为过不去的烦恼，在跑步的时候就想通了。当自己觉得跑不动时，只需专心在步伐上，不要看终点。这就和工作一样，有时候看不到终点，觉得慌张，其实把握眼前的事物就好了。"

通过这几年的跑步锻炼，她也总结出了一些健康法则。她认为，与身体健康相比，心灵健康同样非常重要，相对于身体上的压力，心理压力更加需要引起我们的重视，每个人都应该有自己的解压方式。

她的解压方式是，在跑步的时候戴着耳机听音乐，将声音开得大大的，任由歌声歇斯底里，她就一直跑下去，直到筋疲力尽，那些负面情绪也随之消失了。

张钧宁无疑是聪明的，她懂得如何掌握自己的情绪，自然也就懂得如何掌握自己的人生。

学会适当放松的人是真正懂得生活的人。因为他们知道，什么时候需要紧张，什么时候需要放松，什么时候需要放开脚步去狂奔，什么时候需要回到家中休息。

凯茵被网球俱乐部的莎莉击败时，惊吓与羞愧的情绪交错在一起。其实，论实力，莎莉根本就不是她的对手。

凯茵是个实力很强的运动员，不论是游泳还是冲浪，都表现得比同龄选手杰出。在网球方面，她更是佼佼者，曾赢得了好几个比赛冠军。但奇怪的是，在她看来每次比赛自己并没有全力以赴，经常是以"轻松打"的心态来迎接比赛。

比赛前一阵，凯茵突发奇想：以前自己只是随便打打，就有那么好的成绩，如果现在开始加倍努力，勤奋练习，全身心地投入，那将会取得什么样的成绩呢？于是，她找了很多网球录影带和相关书籍，开始学习网球技巧，并将原来在比赛前夕喝点儿小酒放松一下的习惯也改了。她想吃得更健康，以保持最佳状态。

比赛那天，她面对莎莉信心十足。然而，在比赛中她总是试图运用书上的方法和技巧。这使得她无法让自己的身体和精神彻底放轻松，最后她输给了实力不如自己的莎莉。比赛结束后，她总结出一条宝贵的经验：如果在打球时，心中想的是运球动作和球技分析，就很容易犯规，表现呆板，且对敌手的回击缺乏应变力。所以，有时候成功的欲望太过强烈反而不易成功，倒是轻装上阵更容易成功。

人，只要活着，无论处于哪个年龄段，总躲不过生活压力的挑衅。生老病死、家庭不和、邻里纠纷、亲朋反目、下岗失业……痛苦就像是人身体中的"死结"，如不及时清理疏通，就会殃及我们的健康甚至生命。然而，无论多么痛苦的回忆，我们都可以将之视为人生影片的一个插曲，这个片段中的感情色彩是悲是喜，全由我们自己来决定。

海伦刚结婚不久，她的丈夫就出了车祸。等她失魂落魄地赶到医院时，丈夫已经断了气。料理完丈夫的后事，海伦再次遭遇不幸，她被查出患有乳腺癌。朋友们得知这一消息后，担心她想不开，便决定晚上轮流到她家陪她过夜。出人意料的是，每一个上门的朋友都发现海伦并不像她们想象的那样悲观、憔悴。相反，她把一个人的日子过得有滋有味，有声有色。

对朋友们的疑惑，海伦平静地说："生命是脆弱的，我们不能让它承受太多痛苦的记忆。虽然记忆有时也是一种快乐，但是忘却一些不快乐的记忆也是一种幸福。让有快乐往事的人永远记着快乐，让有痛苦往事的人永远忘却痛苦，生活就会因此而丰富起来。所以，我总是把自己的记忆'格式化'，只留下美好的事情。"

海伦是一个懂得生活的女人。她知道痛苦是一种病毒，若不及时对它进行清理，后果就是"主机"全盘崩溃。

我们都是普普通通的人，哪里经得起如此多的痛苦，所以，我们只能对记忆进行选择性删除。尽管记忆是极其重要的，但是将不美好的记忆忘却，也是一种幸福。

生活中常会有各种沉重的负担压迫我们的心灵，限制我们的行动。如果心理负担过重，生活就会变得枯燥、单调、艰难。但是，当我们放松心情、轻装上阵时，生活中的难题就会迎刃而解。

所谓幸运，无非是全力以赴

如果我跑步的样子把别人吓着，那就让他们见鬼去吧！

——埃里克·康奈尔

埃里克·康奈尔是2001年的诺贝尔物理学奖获得者，当时他刚刚40岁，精力充沛，春风得意，行业里的人都很看好他。

然而，一切都在康奈尔获得诺贝尔物理学奖3年后发生了改变。2004年的一天，他感觉自己的左肩膀疼痛难忍，去医院进行检查，医生也找不到病因。他们隐约间意识到问题有点儿严重，于是决定实施手术。当康奈尔的肩膀被切开时，里面大片的肌肉竟然已经死亡。

这是一种非常罕见的食肉细菌引起的病变，当时并没有有效的治疗办法，为了控制食肉细菌继续蚕食肌肉，只能切除已经感染的部分。

　　然而事情远比想象中严重，医生先是切除了康奈尔的左手臂，又向上切除了他的肩关节，最终在切除他的锁骨和肩胛骨之后才看见健康的肌肉。庆幸的是，他的命总算保住了。

　　手术结束两个星期以后，他从昏迷中醒过来。看着自己的模样，他一度非常消沉，数次想要自杀，最终在家人无微不至的关怀下才慢慢走出那段黑暗的时光。

　　随着身体渐渐康复，他在医生的建议下开始进行一些简单的运动。由于他的左臂被切除了，所以走起路来身体总是不自觉地向右边倾斜。但他是个不服输的人，就像他在科学研究中的态度一样，越是遇到难题，他就越要千方百计克服。为了维持平衡，他决定采取极端的方式——跑步。一个连走都走不稳的人要去练习跑步，其中的艰辛可想而知。

　　手术后七个月，他开始了自己的第一次"奔跑"——陪同8岁的女儿走了一万米，总共花费2个小时。不管怎么说，他迈出了第一步，虽然这段路程中他数次差点儿跌倒，但是他从中得到了久违的快乐和舒畅。

　　这之后，康奈尔的生活慢慢走上了正轨，他又回到了实验室，继续从事教学和科研工作，一切还是以前的样子。唯一的变化是，原本几乎不运动的他每天都要给自己一些时间用来跑步。

康奈尔居住的伯德市每年都会举行著名的"大胆伯德"（Bolder Boulder）长跑比赛，而且参与者非常多。之前康奈尔对这项赛事没有任何兴趣，有时候甚至还会抱怨，因为每次比赛都要进行交通管制，这让他上下班很不方便，可是现在他却对这项赛事充满了兴趣。为了使比赛更加有趣味性，他给自己设定了一个目标：让自己万米比赛的成绩小于自己的年龄。

2008年，47岁的他跑出了53分35秒的成绩。2009年，他又跑出了52分43秒的好成绩。2011年，他继续努力，用时50分5秒。2012年，他终于跑进50分钟大关，成绩是49分41秒。2013年，他52岁，这一年他再次跑进了50分钟以内，终于实现了自己的目标。

由于身体残疾，多年以来，他从不与别人比，只和自己比，看到自己的每一点儿进步，他都心满意足。他说："如果我跑步的样子把别人吓着，那就让他们见鬼去吧。"是的，我就是我，纵然命运残酷，也改变不了我。

因为主客观条件的不同，每个人的经历和机遇都是不同的，有的人可能一生都风平浪静，没有什么大起大落的人生轨迹，也没有太多悲欢离合的境遇；而有的人则一生都跌宕起伏，看尽人情冷暖，尝尽酸甜苦辣。如果是你，你会选择哪种生活？我相信大部分人都会选择第一种，可如果我告诉你，第一种人有可能这辈子都活在自己的世界里，一生只做过一份工作，从来没有自己的梦想，甚至没有自己的思维，你还会选择吗？

谁说人生不公平？它从来都论功行赏，你享受多少安逸，它就会给你多少平庸，你经受了多少磨难，它就会给你多少惊喜。成功其实很简单，最重要的一点就在于当处于动荡不安、摇摆不定的生活时，你会以什么样的心态去看待？是满腹牢骚、唉声叹气，还是心平气和、淡然接受？一切选择都在你手里，如果你说人生不公平，只能说明你对自己的生活从来没有真正负责过。内心始终美好的人，他的一生都将繁花似锦。

在茂密的大森林里，住着一个兔子家族，因为经常受到其他动物的威胁和攻击，几乎每天都有成员丧命。为了躲避威胁，它们几乎每天都要换个地方，然而森林本来就那么大，又能换到哪儿去？它们终于忍受不了这种颠沛流离而又担惊受怕的日子了，一致决定跳崖自杀。

悬崖的下面是一个湖泊，那里历来都是青蛙和鱼儿的天堂。可当所有的兔子都站在悬崖边的时候，那些正在湖边玩耍的青蛙和鱼儿不明就里，惊慌失措，个个都逃命似的跳到了湖水深处。

看到这种情形，兔王突然领悟了，对其他兔子说："大家看到了吗？还有比我们更弱小的生命呢，它们不也活得好好的吗？我们为什么要死啊？"于是它们又欢天喜地地跑进了世代生活的森林。

生活中，我们可能经常遭遇挫折、困难和失败，有时候我们会抱怨，觉得自己才是天底下最不幸的人。可是当我们抱怨每天工作辛苦、工资不高的时候，有的人却连工作都没有；当我们抱怨住所不够宽敞、装修不够华美的时候，有的人却连住的地方都没有；当我们抱怨一日三餐简简单单、没有什么营养的时候，有的人却连饭都吃不饱。你认为你已经够悲惨了，可实际上比你不幸的大有人在。你之所以感觉不到，可能是因为他们把这种不幸当成了生活的历练，学会了珍惜遇到的一切。

这世界哪有那么多幸运？一个对生活充满信心、乐观向上的人总会在不幸的生活中找到闪光点。别再抱怨你的生活，也别再曲解那些磨炼的意义。如果你想生活得幸福，那就击败所有不幸，创造属于自己的美好吧。

千万别带着坏情绪上路

长跑让我从自卑变成热爱身体的一切，即使是身体的伤疤，那也是我曾努力生活的痕迹！

——欧阳靖

也许，你曾为了梦想跌得头破血流，痛苦不堪；也许，你从未想到自己会经历如此多的坎坷和荆棘；也许，你觉得现在的生活离自己想要的差得太远；也许，你身处茫茫人海却感到难以自抑的孤独；也许，你发现自己在韶华之年却过得如耄耋一般……面对尘世纷扰，面对落寞失意，有多少人能做到不去抱怨、不去倾诉、不去哭泣，而是自行治愈？

中国台湾有一个叫欧阳靖的姑娘，她将生活装点得犹如童话般美好。你要是问我在哪儿能遇到她，我会告诉你，如果你也喜欢跑步，喜欢早晨跑上一会儿，总有一天你会在中国台湾的某个街头与她不期而遇。她不仅是一个爱跑步的姑娘，而且是一个有很多故事的人。

欧阳靖原本有一个幸福的家庭。母亲谭艾珍非常喜爱小动物，为此家里一度收养了一百多只小狗。为了照顾家庭和这些小动物，母亲辞掉了工作。然而，天有不测风云，欧阳靖的父亲突然得了重病，没有办法继续工作，高额的治疗费用让原本不错的家庭一贫如洗。父亲不幸去世后，母亲重新出来工作，生活才开始有所好转。那段时间，欧阳靖受到的打击很大，眼看着父亲从生病到去世，看着母亲的愁容一天天加深，她渐渐变得自闭起来，宁可天天和家里的小动物说话，也不愿意与别人交流。

在校园里，这种情况更加严重了，她成了班里的怪人，经常被同学欺负。她选择逆来顺受，什么事都偷偷藏在心里，不和老师、家人说，变得抑郁起来。她不知道怎么排解情绪，每次不高兴了就拼命吃东西，体重迅速飙升，最重的时候高达142斤。

母亲并没有意识到问题的严重性，开始强迫她减肥。结果她两个月减了40多斤，并开始厌食。这时候，母亲才意识到事情的严重，推掉工作全天陪着她，带她去看心理医生。

经过一段时间的心理疏导后，她的厌食症得到改善。这时候，她对母亲说她不想在中国台湾生活了，想到日本去。母亲同意了，于是她带着陪伴她6年的宠物猫去了日本。在这个谁都不认识的国度里，她不再封闭自己。同时，还深深地爱上了跑步。

她第一次跑步，起因于她带到日本的那只猫咪死掉了。那天晚上的风很冷，她含着泪，拿了件外套夺门而出，肆意地在街道上奔跑。跑着跑着，她突然感觉自己浑身充满了勇气，以前受过的伤、遭受的挫折以及无助感，都在奔跑中消散了。从那以后，跑步便成为她生活中不可或缺的一部分。她开始写歌，唱摇滚，从事艺术创作，现在她已经是中国台湾一个小有名气的主持人了。

后来，欧阳靖在她的日记里写下这样一段话：女生是情绪化的动物。有时候遇到压力、不愉快，因为不运动，所以就靠吃来发泄，但大吃过后又因为罪恶感，让自己陷入长久的忧郁、厌食之中。但当你去跑步之后这一切都会发生改变，因忧郁而来的压力或者因压力而来的忧郁，都可以通过运动加以缓解和释放，让身体恢复到健康与弹性的状态，也更能让你面对自己、面对生活。

实际上，人之所以会被情绪控制，主要是因为当周围的环境变化得过快时，潜意识会告诉自己："不，决不能让自己受到伤害，我一定要保护自己。"的确，这时候人的情绪就会指导人将自己变成一只蜷缩好的准备战斗的刺猬，会毫不留情地攻击给你施加伤害的人。

这也就是我们常说的情绪失控。其实，很多人都知道控制情绪的重要性，不过当他们遇到具体的问题时却总是败下阵来。他们会说："我知道控制情绪的重要性，也梦想着成为情绪的主人。可是，控制情绪实在是一件太困难的事情了。"显然，他们是在向别人表示："我做不到，我真的无法控制自己的情绪。"

因此，如果你想主宰自己的情绪，成为情绪的主人，首先要让自己有这样的信念：我相信自己一定可以摆脱情绪的控制，无论如何我都要试一试。只有这样，你的主动性才能被启动，从而真正战胜情绪。的确，让自己拥有自我控制意识，是打败情绪的关键。

其实，控制自己的情绪并不是困难的事，只要掌握了一定的方法，还是可以做到的。

在这里，我还有一个小技巧要教给你。那就是当你心中产生不良情绪时，可以暂时避开，把自己所有的精力、注意力和兴趣都投入到其他活动之中。这样就可以减少不良情绪对自己的冲击。

所以，一个对自己和别人负责任的人，应该形成这样的自觉：要想让自己的生活真正快乐起来，就不要带着过去的坏情绪上路。

奥莎·强森曾经是一个极度忧伤的人。她16岁那年，遇到了她后来的丈夫马丁·强生。结婚以后，他们花费25年时间，足迹几乎踏遍全世界，拍摄了许多濒临绝迹的野生动物影片。后来，他们回到美国，巡回演讲，放映他们拍的电影。不幸的是，他们的飞机从丹佛城飞往西海岸时失事了，马丁·强森当场死亡，奥莎虽然幸免于难，但是她却瘫痪了。3个月后，奥莎坐着轮椅，继续四处演讲，继续播放她和丈夫制作的电影。在那段失去丈夫的痛苦岁月里，她参加了一百多场演讲。

奥莎的故事告诉我们，当你遭遇痛苦和不幸时，请一定记住这样一句话：上帝今天为你关上了一扇门，明天便会为你打开一扇窗。

所以，不要自怨自艾，不要唉声叹气，不要发怒，不要抱怨，不要让昨天的坏情绪过夜。当太阳升起时，你面对的便是崭新而美好的一天。

按自己的意愿过一生

当你把自己的目标锁定在一个人身上时，你就已经开始落后了。

——博尔特

我发现，很多人都缺乏主见。当选择来临的时候，他们总是询问别人，而不是主动思考。其实这样是非常不好的，因为这个世界上真正了解你的人并非别人，而恰恰是你自己，别人的想法并不一定适合你。所以，请你一定要做一个有主见的人。只有这样，才能让自己更快地成熟起来。

被称为"牙买加闪电"的博尔特，相信你肯定熟悉。他是男子100米和200米世界纪录保持者。这位跑步天才生于牙买加一个贫穷的农村家庭，在这个擅长跑步的国家，很多人都希望通过跑步来摆脱贫穷。为此，父亲将他送到了当地的体校，希望他能有所成就。

可他却很不安分，经常和小伙伴溜出去玩耍嬉闹。训练的时候，他也不愿意吃苦，常常趁着教练不在的时候偷懒。当时，很多人都认为他将来不会有什么大的作为。

在他12岁生日快要到来的时候，母亲说可以满足他一个愿望。当时有一款非常流行的跑鞋，价格很昂贵，像他们这样的家庭根本买不起，但小博尔特可不管这么多，于是提出想要这双鞋。

从那天起，身为裁缝的母亲白天帮别人运送货物，晚上在家里做裁缝活，每天都睡得很晚。因为担心自己最后满足不了小博尔特的愿望，母亲甚至还偷偷跑去卖血。长期的操劳和营养不良，让她落下了病根，但她却从来不在小博尔特面前表现出来。

终于，在他12岁生日那天，小博尔特得到了梦寐以求的礼物：一双昂贵的跑鞋。母亲特意在鞋上绣了一个红心，并对他说："孩子，这双跑鞋对于你我来说是独一无二的，因为它包含了我对你全部的爱。"拿到母亲用血汗钱换来的跑鞋，小博尔特感动得满眼泪花，他暗暗下决心一定要活出个人样来，报答自己的父母。

从那以后，他完全像变了个人，早出晚归，刻苦训练，再也不偷奸耍滑。除了常规训练以外，他还会额外给自己增加一些任务，每天至少要跑20千米。随着任务量增长的还有他的身高，没过几年，他竟然长到了1.96米，这对于跑步特别是短跑运动员来说是非常不利的，因为四肢过长会导致跑步时摆动频率低，身体协调性差，不利于提速。为此，他的教练和家人纷纷劝他改打排球或者篮球，但是他只想一心一意兑现自己的诺言，坚持练习短跑，继续拼命训练。

经过一段时间的刻苦训练，他的成绩突飞猛进，然后就有了前面的那些战绩。成功后的博尔特多次在公开场合坦言父亲对自己的引导，他说："人生总是曲折坎坷的，没有谁会轻易成功。是父亲教育我，不要被众多目标看花了眼，要选择一个最适合自己的人生目标，脚踏实地地走下去，哪怕前面有再多的挫折，只要你有足够的信念，坚持走下去，你就能苦尽甘来，实现梦想。"

很多时候，我们在人生的路口徘徊时，总是感到不安、迷茫，想得到别人的意见或者干脆跟着别人的脚步。那样，我们的确可以不思考，少碰点儿壁，少撞点儿墙。但每个人都具有与众不同的一面，谁说适合别人的路就一定适合你走呢？谁说别人的选择就一定是十全十美没有缺憾的呢？

所以，无论如何，坚持走自己的路很重要，不要盲目地跟从别人的脚步。

前不久，我的一位朋友来找我，希望我能够帮助她。原来她的丈夫刚刚失业，她那本来就不富裕的家庭马上陷入捉襟见肘的状态。她不得不走出家门，寻找一份工作以增加收入来源。为此，她询问了很多人，希望从别人那里得到一些建议，比如从事什么行业比较符合她的现状而且能赚比较多的钱。

但是，关于她是否需要找工作，大家发生了分歧。有人认为男人就应该养家，女人不应该出来工作，有人却认为夫妻之间应该同甘共苦。在找什么工作的问题上，大家给的意见也完全不一样。

她很苦恼，便问我："你觉得我该怎么办？"

我说："最了解你的人，不是你自己吗？为什么一定要别人告诉你答案？"

我的这位朋友最后作了什么选择，我认为已经没必要说出答案了，因为不论她做了哪种决定，那都是她自己的选择，跟其他任何人无关。她没有盲目地按照别人的意见去做，而是坚持了自己的主见，这才是最重要的。

不过，需要注意的是，有主见并不是让你盲目地相信自己，谁的意见也不听。如果真是这样，只能说明这是一种更不成熟的表现。著名心理学家德莱克教授曾经说过："世界上有两种人最不成熟，一种是没有主见的人，而另一种就是听不进任何意见的人。"

事实的确如此，当一个人盲目地相信自己而完全听不进他人的意见时，就会给自己带来很大的麻烦。他不仅会因此失去很多朋友，也会让自己变得偏激狭隘、目光短浅。这对于个人的发展是非常不利的。

凯瑟琳女士在一家食品公司上班，担任销售副经理之职。她有着非常出众的工作能力，但也有一个非常显著的缺点，就是总爱盲目地相信自己。当她手下的员工提出不同意见时，总是会遭到她的无情否定，然后她会顽固地坚持自己的观点。

后来，公司生产出一种新的食品，需要进行宣传推广。凯瑟琳作为销售部的副经理，决定向手下员工征集宣传方案，并在之后的研讨会上讨论这些方案。但到了研讨会上，凯瑟琳却"旧病复发"，将那些与她观点不同的方案统统否决了。她手下的员工因为都很熟悉她的脾气，也就没有再提什么意见。结果，所有的方案都被她一个人大包大揽。但她没有想到的是，这次的宣传推广极其失败，几乎没有一点儿成效。老板大发雷霆，狠狠地训斥了她一番。要不是她以前的业绩还不错，恐怕她那销售副经理的位子也要丢掉。

凯瑟琳的经历告诉我们，总是盲目相信自己而不听取他人意见的人，会受到非常大的个人损失。无论是谁，都不能保证自己的观点永远正确。如果听不进别人的意见，就有可能让自己走很多弯路。所以，我们应该多多听取他人的意见，并通过自己的思考、分析，取其精华，为我所用。

每个人的一生都是有限的，如果可以选择的话，为什么不唱自己喜欢的歌，走自己喜欢的路呢？毕竟，这个世界上真正了解你的人不是别人，而是你自己。坚持自己的主见，不论结果好坏，都忠于你自己内心的曲调。但有一点需要大家注意，不管是固执己见还是没有主见，二者都不可取。要想让自己变得更加自信、更具魅力，请记住这项原则：能够听取他人的意见，也拥有自己的主见。

找准适合自己的舞台很重要。只有这样，才能彰显个性，施展自己的才华，才会实现自己的人生理想。

正如班超弃笔从戎，仅仅率领几十个人就征服了西域各国；鲁迅弃医从文，用手里的笔去医治全社会的病；篮球巨星乔丹放弃棒球而改打篮球，终成一代球星。每个人都是主角，找到自己的舞台，并寻找最适合自己绽放的方式，这样我们才能在未来的日子里掌握自己的命运，走向成功。

不要让别人的想法奴役你

我为自己跑，因为我享受不断超越自我的快感。

——林义杰

我们步履匆匆地穿梭在混凝土丛林里，没时间回忆美好的初恋，没时间给好朋友打个电话聊聊现状，只因我们背负得太重。我们每天不仅要面对一大堆财务账单，水费、电费、煤气费、车贷、房贷，还要面对这个世界的账单：如何做个让别人竖起大拇指，让别人称羡的人。

可你有没有发现，生命是一个不停流逝的过程，你我走过的每一个地方，遇到的每一个人，都是我们路过的驿站。你曾经很在意那些人怎么看你，如今却发现，那些加诸你身上的眼光，早已在时间里消失不见。你后悔曾因别人随口说的一句话，就放弃了自己的梦想；你太在意别人的看法，而不敢追求自己喜欢的东西；你甚至因为别人的评价而用谎言把自己包装成一位优雅、富有的人……很多时候，我们需要的只是坚持自己而已。可是亲爱的朋友，你做到了吗？

21天，征服北极；40天，徒步横跨戈壁滩；111天，徒步穿越撒哈拉沙漠；150天，重走丝绸之路……这些让人目不暇接的成绩都来自同一个人，这个人就是林义杰。作为中国台湾著名的现役马拉松运动员，林义杰从不对外说自己是以跑步为职业的。只是说自己把跑步当成了一个爱好，这个爱好让他上了瘾，戒也戒不掉，并不断促使他用双脚去发现世界的美好，去征服艰难险阻。

2006年，他和几个队友决定徒步穿越撒哈拉沙漠。刚开始的那几天，他非常兴奋，觉得以自己的实力肯定没问题，所以没有认真去作准备。结果第一天就出现了严重的问题，他们一共跑了不到36千米就感觉非常累了，紧接着，在高温的笼罩下，呕吐、腹泻、伤痛马不停蹄地向他们袭来。

在那种自然条件非常恶劣的情况下，相对于身体上的疼痛，内心的孤寂才是最痛苦的。他是团队中唯一一个中国人，因为思维方式、行为习惯等都不一样，他很难与其他同伴打成一片，更多的时候，他只能在一旁安静地听他们聊天。尽管他的同伴们对他很好，可他还是无法排解心中的苦闷。后来每当他躺进睡袋时，就回忆以前的事情：妈妈什么时候给他买了第一块手表，他的初恋发生在什么时候，小时候和伙伴调皮做了哪些傻事，第一次参加马拉松的情形……这些人生中精彩的过往，就像电影片段一样，在他的脑海里反复播放，让他在异国他乡，在这荒漠里，依旧能够感受到内心的美好，像是凭空多出了很多幸福的时光。

之后的路程虽然依旧艰难，但因为内心的信念坚定了，就不觉得遥远了。在路程行进到一半的时候，他们前进的速度差不多是刚开始的两倍，达到了大约每天70千米。经过111天7500千米的长途奔波，他们终于在2007年2月20日完成了这项壮举。

到达终点埃及红海时，他们喜极而泣，抱头痛哭。谁也不知道他们这一路到底经历了多少磨难：在乍得境内的撒哈拉沙漠到处都可能埋着地雷，他们跑起来必须小心翼翼，真是九死一生；同样是在乍得，保护他们安全的军队在返回的途中遭到反对派武装袭击，全部丧生；他们还遭遇了25年来最大的沙漠风暴，如果不是躲避及时，他们有可能全都被掩埋；因为长期长途跋涉，林义杰营养不良，有两次差点儿因为低血糖而掉队，更别说几乎每天都要翻越沙漠里随处可见的相当于10层楼高的沙丘，忍受着趾甲脱落的痛楚……比赛结束之后，他的体重减了10斤。

这样的经历，也让他对人生有了不一样的思考——不出去旅行，就不知道世界有多大；不冒险，就不知道生命有多可贵。

后来，在一次采访中，林义杰说："未来会发生什么，我从不担心，我只会全力以赴去迎接更大的挑战，因为这将写下人类最伟大的历史。通过挑战极限，人会深切体会到生命的韧性，提醒人们要懂得珍惜生命。"

其实，生活中我们畏惧的往往都是对未来的未知和不确定，所以在每一次行动之前，对未来的规划越明确，心慌、恐惧、焦躁等负面情绪就越会得到缓解，即便在前进的过程中仍会遇到各种问题，可如果我们内心安定了，就能积极主动去解决问题。

简是一位很有写作天分的女性，她文笔优美，见解独到，常常为报纸和杂志的专栏写些文章。她从小的理想就是当一名作家。可是大家都知道，当作家是一件十分辛苦的事。因为很有可能，你辛辛苦苦写了一辈子文字，那些草稿最后却只能在暗无天日的角落里渐渐发霉，最后不知所终。而写文章的人，便也只能终生碌碌无为。

所以，从大家知道她的想法起，便常常劝她放弃写作。甚至她的好朋友也吃惊地对她说："天啊！亲爱的简，你要让我担心死吗？你千万不要等到养不活自己的那一天再跟我诉苦。"更有一些与她相处不太愉快的同学，在背地里说她："当自己是谁呢？"

身边的人说得多了，简渐渐对自己的选择怀疑起来。是啊，自己最后能成功吗？如果自己最后依然是个一事无成的人，大家嘲笑自己怎么办？时间久了，简便有些心灰意冷了，也很少动笔写文章，工作之余都用来吃喝玩乐，就这样浪费了好几年的时光。

直到有一天，朋友供职的报社当天的版面空出来一块，负责该版面的记者当天的任务没能按期交稿，眼瞅着快要印刷了，朋友情急之下想到了她。她也没推辞，很快便完成了一篇稿子。也就是这一篇稿子，被总编看中，他说："这位作者的文字功底相当了得啊！我要见她。"

结果，简被邀请当该报社的专栏作家。她渐渐写得有了名气，也开始为其他报纸和杂志写专栏。而现在，她已经是大家很喜欢的专栏作家了，并且有一家出版社想将她的作品结集成册。总之，她在一步步地接近自己的作家梦。

后来，简在回忆往事时说："虽然我很庆幸自己的文章能被大家认可，但老实说，在我放弃自己梦想的那一段时间里，我浪费了最宝贵的青春。本来，这一天是可以早点儿来临的。如果我坚持自己的梦想，不被他人的想法左右，根本就不会有当年的放弃。"

所以，当你十分热爱的东西——当然，要在法律与道德允许的范畴之内——面临别人的非议时，请记住，最了解你自己的，不会是别人，而是你自己，所以，他人的意见未必是中肯的。

我听说过这样一个故事：一位双目失明的女孩，历经千辛万苦才找到了一个调琴师的职业。

当她回到家跟亲人们说时，所有人都对她说："你的眼瞎了，干这行是很不容易的。你不适合干这行，真的，过不了多久老板肯定会把你辞退的。"

那个女孩对亲人们说："我的眼睛虽然是瞎了，但我的耳朵还是十分灵敏的，我一定可以做好调琴师这个职业的。"

亲人们拗不过她，只好让她去做那份工作。他们认为，她过不了多久就会被辞退。

可事实上，她的老板看到她的吃苦耐劳，被深深地感动了，经常给她指点迷津。她的调琴技术也飞一般地提升，并受到了老板的重用。最后，她通过自己的努力开了一家调琴公司，成了专业的调琴大师。我想，如果她没有坚定地坚持自己的梦想的话，说不定将会一事无成。

我们不可避免地会遇到各种忠告，这忠告可能来自你的邻居、亲戚、同学、同事、上司，他们无时无刻不在热心地对你提出忠告：你的新工作，你买了一只股票或者基金，你给孩子找个家教，你想养一只狗狗，你给丈夫买了一条领带，你看中一套家具……他们自告奋勇地担任你的顾问。可你必须明白的是，如果你已经是个成年人，你对自己的选择能够负起全部责任，并且你也有判断是非的能力，那么，请坚信自己的选择。

当然，除了这些免费的人生顾问以外，我们还会臆想出许多的观众来，每做一件事都会想："哎呀，别人会怎么看我呢。"殊不知，你脑子里担心会对你抱有想法的人，每天也有同样多甚至更多的问题等着他面对呢。也就是说：不要活得那么累，你没有那么多观众。

"我这么做别人会怎么想？"是一种最常见也是对人最具破坏性的消极心理状态。它几乎无孔不入，从"我必须每天换不同的衣服，不然别人会以为我是个夜不归宿的人"，到"我今天画了很浓的妆，别人会不会以为我是个轻佻的人"，再到"我很喜欢那件衣服，可这么时髦的款式会被别人议论"，再到……不胜枚举。这种"别人式"的想法，是一个枷锁，它紧紧地捆绑着我们，让我们无法按照自己想要的方式生活。所以，你每天都模仿着别人的发型，穿着最流行自己却不喜欢的衣服。

为避免你被自己想象中的"别人的想法"奴役，我提出如下建议：

一、当你还未成为一个公众人物时，其实别人没那么多的时间关注你；而当有一天，真正站出来批评你的人很多时，说明你已经取得了一定的社会地位，这在一定程度上也是你被别人羡慕的证明。

二、选择人格高尚尤其是不爱讲闲言碎语也不会相信闲言碎语的人做朋友。这样的朋友会有助于你改变对别人的想法太过在意的心理状态。

三、树立与保持独立的处世与做人态度。只要你的所作所为没有伤害他人，穿什么衣服，梳什么发型，是你自己的事，与别人有什么关系？

四、一定要记住，别人也有一大堆生活中的琐事需要应付。他们也许也在为自己的事情发愁呢。

如果你想，你就能做到

人们问我跑步的原因，我回答："如果你提出这个问题，你将永远不会理解其中的奥妙。"

——艾琳·伦纳德

上帝给了每个人可以独立思考的大脑，有的人用它来捕捉生活中的美好，他们在枯树的一粒嫩芽上看到春天的消息，在迁徙的候鸟叫声中听到归家的渴望。而大多数人却用它来发现生命的苦痛，他们在花草衰败时想到自己年华的易逝，在夜深人静唯有自己独醒时觉察到人生的虚无与荒诞；他们常常想，为什么别人过得那么洒脱自在，而自己却一无所有？

可生活这件事情，本就是如人饮水，冷暖自知。忧心忡忡的人看到的清冷的月光，不正是快乐的人眼里皎洁的月光吗？

如此可见，消极的思想是多么可怕。与其让消极心理毁了你的快乐与健康，倒不如学着放下那些不必要的忧虑。因为，我深信，内心的平静和我们生活中的种种快乐，并不在于我们身在何处，拥有什么，或者我们是什么人，而在于我们的心境如何。

唐·赖特在62岁体检时，被诊断出患有多发性骨髓瘤，这是一种存在于骨髓浆细胞中的癌症，一般情况下只能活3至5年，可唐·赖特决定向命运发出最强烈的反击。

从得知自己患了癌症之后到现在，已经过去了13年。这期间，赖特陆续跑了88场马拉松比赛，几乎跑遍了整个美国。尽管偶然的伤病也会让赖特烦恼不已，但他仍旧想每年跑七八场马拉松。

赖特现在已经75岁，他的目标是跑满100场马拉松，而他的医生也无法预测他究竟还能活多久。

在身患癌症的情况下，赖特还能跑这么多场马拉松，一方面跟他坚持实验性药物治疗有关，更多的则依赖家人的支持。赖特的妻子阿迪斯今年77岁，女儿萨莎也已经46岁，每场比赛她们都会来为他加油。有时候她们也会陪着他跑一些半程马拉松，全程马拉松她们也各自跑了14场。

那些对自己充满信心的人就是这样，他们对自己的想法抱有热情，并且毫不迟疑，迅速行动起来，将自己的想法尽快付诸实践。

他们明白需要做什么，应当怎样去做。在这个过程中，他们始终充满热情，并且坚定不移地朝着既定目标前进。

你打算从什么时候开始去做那些你梦寐以求的事呢？你还在等着天上掉馅饼，等着有个贵人来帮你吗？

三百多年前，密尔顿在眼睛瞎掉以后，发现了一个真理："思想的运用和思想本身，就能把地狱造成天堂，把天堂造成地狱。"

拿破仑和海伦·凯勒是密尔顿这句话最好的例证：拿破仑拥有普通人所追求的一切：荣耀、权力、财富，可是，他却对圣·海莲娜说："我一生中从未有过一天快乐的日子。"海伦·凯勒，一个又瞎又聋又哑的女人却表示："我发现生命是如此美好。"

爱默生在那篇著名的散文《自信》里说过："如果有人说，政治上的胜利、财富的增加、疾病的康复、好友久别重逢，或者其他纯粹外在的东西，能提高你的兴趣，让你觉得眼前有很多机会，千万不要相信，事情绝对不是这么简单。除了你自己以外，没有人能给你带来更多。"

依匹克特修斯，一位伟大的斯多噶派哲学家曾告诫人们："我们应该想方设法剔除思想中的消极观点，这比割除身体上的肿瘤和脓疮要重要得多。"

这句两千年前的话，也得到了现代医学的证明。坎贝·罗宾博士说："约翰·霍普金斯医院接收的病人中，有五分之四的人都是由于思想消极而引发了疾病，甚至一些生理器官的病例也是如此。寻根究底，许多问题都可以追溯到心理的不协调。"

总之，当你陷入消极的情绪中，整个人精神高度紧张时，我想说，你完全可以凭借自己的意志力来改变你的心境。

生活，原本就是一场前途未卜的旅程，若是你一味地因为未来不确定的事情而情绪消极，你如何能享受每一个自在的当下？若是你全身心地陷入某种消极情绪而无法自拔，你如何有心力去做能让你的现状有所改变的事情？

清空你脑子里的消极思想吧，试着去听鸟的叫声，去看繁花盛开，或者约两三个好友一起爬山、喝下午茶……总之，你能做的事情有很多，而不仅仅是消极怠慢。

美国著名的心理学家威廉·詹姆斯曾经表达过这样一种观点："通常的看法认为，行动是随着感觉而来的，可实际上，行动和感觉是同时发生的。如果我们能使自己意志力控制下的行动规律化，也能够间接地使不在意志力控制下的感觉规律化。"这也就是说，我们不可能只凭"下定决心"就改变自己的情感，可是却能改变自己的行为，而一旦行为发生了变化，感觉也就自然而然地改变了。

他继续解释说："如果你情绪消极，那么唯一能发现快乐的方法就是振奋精神，使行动和言辞好像已经感觉到快乐的样子。"

　　这种简单的办法是不是真的有效果呢？不妨试一试，告诉自己，让你陷入忧虑的那件事情不过是小菜一碟，然后脸上露出笑容，挺起胸膛，深深地呼吸一大口新鲜的空气，再唱一段小曲——如果你唱不好，就吹吹口哨……这样一来，你很快就能领会威廉·詹姆斯所说的意思了：当你的行动显出你快乐时，你就不会再消极下去了。